工程施工与质量简明手册丛书

园林工程

陈 瑛 黄立之 王云江 ◎ 主编

中国建材工业出版社

图书在版编目（CIP）数据

园林工程 / 陈瑛，黄立之，王云江主编. — 北京：中国建材工业出版社，2024.7.—（工程施工与质量简明手册丛书）.—ISBN 978-7-5160-4228-1

Ⅰ．TU986.3

中国国家版本馆 CIP 数据核字第 202473XU80 号

园林工程
YUANLIN GONGCHENG

陈 瑛　黄立之　王云江　主编

出版发行：中国建材工业出版社
地　　址：北京市西城区白纸坊东街 2 号院 6 号楼
邮　　编：100054
经　　销：全国各地新华书店
印　　刷：北京雁林吉兆印刷有限公司
开　　本：787mm×1092mm　1/32
印　　张：7.125
字　　数：160 千字
版　　次：2024 年 7 月第 1 版
印　　次：2024 年 7 月第 1 次
定　　价：39.00 元

本社网址：www.jccbs.com，微信公众号：zgjcgycbs
请选用正版图书，采购、销售盗版图书属违法行为
版权专有，盗版必究。 本社法律顾问：北京天驰君泰律师事务所，张杰律师
举报信箱：zhangjie@tiantailaw.com　　举报电话：(010) 63567684
本书如有印装质量问题，由我社事业发展中心负责调换，联系电话：(010) 63567692

《工程施工与质量简明手册丛书》编写委员会

主　　任：王云江

副 主 任：吴光洪　韩毅敏　吕明华　史文杰
　　　　　毛建光　姚建顺　楼忠良　陈维华

编　　委：马晓华　王剑锋　王黎明　王建华
　　　　　汤　伟　李娟娟　李新航　杨小平
　　　　　张文宏　张海东　陈　瑛　林大干
　　　　　周静增　郑少午　郑林祥　赵海耀
　　　　　侯　赟　顾　靖　童朝宝　谢　坤

（编委按姓氏笔画排序）

《工程施工与质量简明手册丛书——园林工程》编委会

主　　编：陈　瑛　黄立之　王云江

副 主 编：应　剑　董圣杰　洪远龙　史文强

参　　编：王秀苹　刘旭东　李　谱　应有利
　　　　　　　张　丽　张　瑞　金映荷　姜海滨
　　　　　　　黄　鑫　蔡万表　薛福强

（参编按姓氏笔画排序）

主编单位：台州市路桥区城市建设集团有限公司

参编单位：中国建筑技术集团有限公司

　　　　　　浙江绿美建设有限公司

　　　　　　浙江建研华章设计院有限公司

　　　　　　杭州思盈市政工程有限公司

　　　　　　台州市路桥区园林绿化工程有限公司

　　　　　　台州市黄岩市政园林建设发展有限公司

　　　　　　台州市城乡规划设计研究院有限公司

前　言

为及时有效地解决建筑施工现场的实际技术问题，我社策划并组织专家编写了"工程施工与质量简明手册丛书"（以下简称"丛书"）。本丛书为系列口袋书，内容简明实用，"身形"小巧，便于携带，可随时查阅，使用方便。

本系列丛书各分册分别为《建筑工程》《安装工程》《装饰工程》《市政工程（第2版）》《园林工程》《公路工程》《基坑工程》《楼宇智能》《城市轨道交通》《建筑加固》《绿色建筑》《城市轨道交通供电工程》《城市轨道交通弱电工程》《城市管廊》《海绵城市》《管道非开挖（CIPP）工程》。

本丛书中《园林工程》是根据现行国家和行业的施工与质量验收标准、规范，并结合园林工程施工与质量实践编写而成的，基本覆盖了园林工程施工的主要领域。本书旨在为园林工程施工人员提供一本简明实用、方便携带的小型工具书，便于他们在施工现场随时参考，快速解决实际问题，保证工程质量。本书包括绿化工程，园林构、建筑工程，园林道路工程，园林给排水工程，园林电气工程，其他园林附属工程6部分内容。

本书可作为园林工程施工人员的参考用书，也可供高等院校相关专业师生阅读。对于本书中的疏漏和不当之处，敬请广大读者不吝指正。

编　者
2024. 01. 01

目 录

第1章 绿化工程 ··· 1
1.1 栽植基础工程 ··· 1
1.2 栽植工程 ··· 14
1.3 养护工程 ··· 41

第2章 园林构、建筑工程 ····································· 50
2.1 地基与基础工程 ··· 50
2.2 主体结构工程 ·· 58
2.3 建筑装饰装修工程 ····································· 94
2.4 建筑屋面工程 ·· 112

第3章 园林道路工程 ·· 120
3.1 路基工程 ··· 120
3.2 基层工程 ··· 127
3.3 面层工程 ··· 137

第4章 园林给排水工程 ·· 156
4.1 土方工程 ··· 156
4.2 管道主体工程 ·· 168
4.3 管道附属构筑物工程 ································· 178

第5章 园林电气工程 ·· 184
5.1 低压成套柜（箱、屏）安装 ····················· 184

5.2 电线导管、电缆导管和线槽敷设（室外） ······ 189
5.3 电线、电缆穿管和线槽敷线安装（室外） ······ 193
5.4 电缆头制作、接线和线路绝缘测试（室外） ··· 195
5.5 接地装置安装 ······ 196
5.6 照明安装 ······ 199

第6章 其他园林附属工程 ······ 202

6.1 园路、广场地面铺装工程 ······ 202
6.2 假山、叠石、置石工程 ······ 208
6.3 园林理水工程 ······ 212
6.4 园林设施安装工程 ······ 213

本册引用规范、标准目录 ······ 216

第1章 绿化工程

绿化工程可分为栽植基础工程、栽植工程、养护工程3个分部工程。

1.1 栽植基础工程

栽植基础工程可分为土壤处理工程，重盐碱地、重黏土地土壤改良工程，设施顶面栽植基层（盘）工程，坡面绿化防护栽植基层工程，水湿生植物栽植槽工程，垂直绿化工程等子分部工程。

土壤处理工程，可分为栽植土、栽植前场地清理、栽植土回填及地形造型、栽植土施肥和表层整理等分项工程。

1.1.1 栽植土工程

1. 施工要点

1）察看工地现场，掌握原土情况（土方高程、厚度、地下水位、理化性质初步判断、测定，并确定是否换土，渣土去向，需土量等）、原有地下管线、隔层情况、隔层破除方案。

2）寻找土源，并进行理化性质测定。

3）了解地上物的情况、处理程度等。

4）了解现场水源情况，需布置养护管线的，确定方案，并与进土方案相协调。

5）了解新建城市综合管线情况，并与相关单位协调，催促完成土方施工前地下管线工程。

6）做好进土方案，包括相关手续的办理、涉及各方的沟通、场内外交通的组织、临时便道的设置、机械车辆的选择等。

2．质量要点

1）土壤是园林植物生长的基础，在施工前进行土壤化验，根据化验结果，采取土壤改良、施肥、置换客土等措施，改善土壤理化性质。

2）土壤有效土层厚度影响园林植物的根系生长和成活，必须满足其生长和成活的最低土层厚度。

3）土壤中有害物质必须清除，不透水层进行处理，以达到通透。

4）造型胎土可采用较大比例的黏土，面层土可用较大比例的砂土。

5）水湿生植物可采用大比例荷塘泥。

6）盐碱地土壤改良符合国家标准《园林绿化工程盐碱地改良技术标准》(CJJ/T 283—2018)。

3．质量验收

1）强制性条文

① 栽植基础严禁使用含有有害成分的土壤，除有设施空间绿化等特殊隔离地带，绿化栽植土壤有效土层下不得有不透水层。

② 水湿生植物栽植地的土壤质量不良时，应更换合格的栽植土，使用的栽植土和肥料不得污染水源。

2）主控项目

园林植物栽植土应包括客土、原土利用、栽植基质等，栽植土应符合下列规定：

（1）土壤pH值应符合本地区栽植土标准或按pH值5.6～8.0进行选择。

（2）土壤全盐废弃量应为0.1%～0.3%。

（3）土壤密度应为1.0～1.35g/cm³。

3）一般项目

（1）绿化栽植或播种前应对该地区的土壤理化性质进行化验分析，采取相应的土壤改良、施肥和置换客土等措施，绿化栽植土壤有效土层厚度应符合表1-1的规定。

表1-1 绿化栽植土壤有效土层厚度

项次	项目	植被类型		土层厚度（cm）	检验方法
1	一般栽植	乔木	胸径≥20cm	≥180	挖样洞，观察或尺量检查
			胸径＜20cm	≥150（深根） ≥100（浅根）	
		灌木	大、中灌木，大藤本	≥90	
			小灌木、宿根花卉、小藤本	≥40	
		棕榈科		≥90	
		竹类	大径	≥80	
			中、小径	≥50	
		草坪、草花、地被		≥30	
2	设施顶面绿化	乔木		≥80	
		灌木		≥45	
		草坪、草花、地被		≥15	
3	水湿生植物栽植	水湿生植物、挺水植物、浮水植物		≥50cm	

(2) 土壤有机质含量不应小于1.5%。

(3) 土壤块径不应大于5cm。

1.1.2 栽植前场地清理工程

1. 施工要点

1) 城市综合管线、建（构）筑物已经完工并验收合格。

2) 清除土建、市政施工的遗留物（如垂直运输基础、硬化地坪等）。

3) 清除原有废弃建（构）筑物及其基础。

4) 组织好与现场实际相匹配的机械设备、运输车辆，了解好渣土倾倒点，注意车辆进出工地的清洗，车辆覆盖、运输途中注意车速，避免扬尘。

5) 对场内的原有大树进行保护。

2. 质量要点

1) 对现场内清理的废弃构筑物、工程渣土、不符合栽植土理化标准的原状土等做好测量记录、签认。

2) 场地开挖后的高程按植物最低有效土层厚度的要求和成型后的高程来确定。

3. 质量验收

1) 强制性条文

同1.1.1中的强制性条文。

2) 主控项目

绿化栽植前场地清理应符合下列规定：

(1) 应将现场内的渣土、工程废料、宿根性杂草、树根及其他有害污染物清除干净。

(2) 场地标高及清理程度应符合设计和栽植要求。

3) 一般项目

(1) 填垫范围内不应有坑洼、积水。

（2）对软泥和不透水层应进行处理。

4. 安全要点

1）挖机操作人员必须身体健康，经过有关部门的安全作业培训、考试，取得相应的操作证方可上岗。不准无证操作。

2）在作业过程中，应集中精力，正确操作，注意挖机的运作情况，不得擅自离开工作岗位或将机械交给其他无证人员操作，严禁酒后作业。

3）作业中必须有专人指挥，指挥人员必须站在机械的前方进行指挥作业，斗臂活动半径范围内严禁站人。

1.1.3 栽植土回填及地形造型工程

1. 施工要点

1）根据现场各区块的土方盈缺量、通道的情况，确定倒土点、倒土量及土的翻运走向。

2）根据现场实际，确定经济合理的作业模式，如挖填运，以及机械的选择，如运土距离在10m左右可用中大型挖机翻土，距离在50m内可采用推土机，距离在50m以上一般采用运输车短驳等作业模式。

3）造型胎土可采用比例偏大的黏土，面层栽植土可用比例偏大的砂土。

4）栽植土回填在道路基础、铺装等分项之前施工时，先确定好路牙石、铺装成型面边线的位置、高程，并打桩拉线，以此作为参照线进行地形营造。

5）少量的无污染的块石、砖块，在无地下管线处进行深埋处理。

2. 质量要点

1）回填土分层适度夯实，或自然沉降达到基本稳定，严禁用机械反复碾压。

2）地形造型的测量放线工作应做好记录、签认。

3）土方造型坡度在安息角范围之间。

4）地形造型按竖向图的要求，并按造景的开合要求、现场空间的实际情况，参考自然界山、坡地的原生态结构，营造地形丰富、起伏自然、峰谷线条顺畅、坡度舒适宜人的地形。

3．质量验收

1）强制性条文

同1.1.1中的强制性条文。

2）主控项目

栽植土回填及地形造型应符合下列规定：

（1）造型胎土、栽植土应符合设计要求并有检测报告。

（2）回填土及地形造型的范围、厚度、标高、造型及坡度均应符合设计要求。

3）一般项目

（1）回填土壤应分层适度夯实，或自然沉降达到基本稳定，严禁用机械反复碾压。

（2）地形造型应顺畅自然。

（3）地形造型尺寸和高程允许偏差应符合表1-2的规定。

表1-2 地形造型尺寸和高程允许偏差

项次	项目		尺寸要求	允许偏差（cm）	检验方法
1	边界线位置		设计要求	±50	经纬仪、钢尺测量
2	等高线位置		设计要求	±10	经纬仪、钢尺测量
3	地形相对标高（cm）	≤100	回填土方自然沉降以后	±5	水准仪、钢尺测量每1000m²测定一次
		101～200		±10	
		201～300		±15	
		301～400		±20	

4. 安全要点

同 1.1.2 中的安全要点。

1.1.4 栽植土施肥和表层整理工程

1. 施工要点

1）整地在粗整完成后，若需景石点缀施工的可先行进行，再机械配合进行大乔木种植，最后才进行表面整地。

2）整地须分多次进行：在乔灌木种植结束、准备地被植物以前，将种植土再次充分细整；小灌木种植完毕后，在草坪种植区域，按草坪种植的土方要求进行最后一次土方表层整理。

2. 质量要点

1）栽植土的表层应整洁，石砾、杂草等含量，土块粒径符合规范要求。

2）商品肥应有产品合格证明，或已经过试验证明符合要求。

3）施用无机肥料应测定绿地土壤有效养分含量，并宜采用缓释性无机肥。

4）栽植土表层与道路（挡土墙或侧石）接壤处，栽植土应低于侧石 3～5cm；栽植土与边口线基本平直。

3. 质量验收

1）强制性条文

同 1.1.1 中的强制性条文。

2）主控项目

栽植土施肥应符合下列规定：

商品肥料应有产品合格证明，或已经过试验证明符合要求。

3）一般项目

（1）有机肥应充分腐熟方可使用。

(2) 施用无机肥料应测定绿地土壤有效养分含量，并宜采用缓释性无机肥。

(3) 栽植土表层不得有明显低洼和积水处，花坛、花境栽植地 30cm 深的表土层必须疏松。

(4) 栽植土的表层应整洁，所含石砾中粒径大于 3cm 的不得超过 10%，粒径小于 2.5cm 的不得超过 20%，杂草等杂物不应超过 10%；土块粒径应符合表 1-3 的规定。

表 1-3 栽植土表层土块粒径

项次	项目	栽植土粒径（cm）
1	大、中乔木	≤5
2	小乔木、大中灌木、大藤本	≤4
3	竹类、小灌木、宿根花卉、小藤本	≤3
4	草坪、草花、地被	≤2

(5) 栽植土表层与道路（挡土墙或侧石）接壤处，栽植土应低于侧石 3~5cm；栽植土与边口线基本平直。

(6) 栽植土表层整地后应平整略有坡度，当无设计要求时，其坡度宜为 0.3%~0.5%。

1.1.5 设施顶面耐根穿刺防水层工程

1. 施工要点

设施顶面施工前，应对顶面基层进行蓄水试验及找平的质量进行验收。

2. 质量要点

1) 耐根穿刺防水层的材料品种、规格、性能应符合设计及相关标准要求。

2) 耐根穿刺防水层材料应见证抽样复验。

3. 质量验收

1) 强制性条文

设施顶面绿化栽植基层（盘）应有良好的防水排灌系统，防水层不得渗漏。

2) 主控项目

（1）卷材接缝应牢固、严密，符合设计要求。

（2）施工完成应进行蓄水或淋水试验，24h内不得有渗漏或积水。

3) 一般项目

（1）耐根穿刺防水层的细部构造、密封材料嵌填应密实饱满、黏结牢固，且无气泡、开裂等缺陷。

（2）立面防水层应收头入槽，封严。

（3）成品应注意保护，施工现场不得堵塞排水口。

1.1.6 设施顶面排蓄水层工程

1. 施工要点

1) 采用卵石、陶粒等材料铺设排蓄水层的，其铺设厚度应符合设计要求。

2) 卵石应大小均匀；屋顶绿化采用卵石排水的，粒径应为3～5cm；地下设施覆土绿化采用卵石排水的，粒径应为8～10cm。

2. 质量要点

凹凸形塑料排蓄水板厚度、顺槎搭接宽度应符合设计要求，设计无要求时，搭接宽度应大于15cm。

3. 质量验收

1) 强制性条文

同1.1.5中的强制性条文。

2) 一般项目

（1）四周设置明沟的，排蓄水层应铺至明沟边缘。

（2）挡土墙下设排水管的，排水管与天沟或落水口应合理搭接，坡度适当。

1.1.7 设施顶面过滤水层工程

1. 施工要点

1) 采用单层卷状聚丙烯或聚酯无纺布材料，单位面积质量必须大于 $150g/m^2$，搭接缝的有效宽度应达到 10～20cm。

2) 采用双层组合卷状材料：上层蓄水棉，单位面积质量应达到 $200～300g/m^2$；下层无纺布材料，单位面积质量应达到 $100～150g/m^2$；卷材铺设在排（蓄）水层上，向栽植地四周延伸，高度与种植层齐高，端部收头应用胶黏剂黏结，黏结宽度不得小于 5cm，或用金属条固定。

2. 质量要点

1) 过滤层的材料规格、品种应符合设计要求。

2) 栽植土层应符合规范第 1.1.1 条规定要求。

1.1.8 设施过滤障碍性面层栽植基盘工程

1. 施工要点

1) 透水、排水、透气、渗管等构造材料和栽植土（基质）应符合栽植要求。

2) 障碍性面层栽植基盘的透水、透气系统或结构性能良好，浇灌水后无积水，雨期无沥涝。

2. 质量要点

施工做法应符合设计和规范要求。

1.1.9 坡面绿化防护栽植层工程

1. 施工要点

1) 进行坡面绿化时防止水土流失，措施必须到位。

2) 喷射基质不应剥落；栽植土或基质表面无明显沟蚀、流失；栽植土（基质）的肥效不得少于 3 个月。

3）喷播宜在植物生长期进行；喷播前检查锚杆网片固定情况，清理坡面。

4）喷播应从下到上依次进行。播种覆盖应均匀无漏，喷播厚度均匀一致。

5）在强降雨季节喷播应注意覆盖。

2. 质量要点

1）用于坡面栽植层的栽植土（基质）理化性状应符合1.1.1 栽植土工程主控项目规定。

2）混凝土格构、固土网垫、格栅、土工合成材料、喷射基质等施工做法应符合设计和规范要求。

1.1.10 重盐碱（重黏土）土壤改良工程排盐（渗水）管沟隔淋（渗水）层开槽工程

1. 施工要点

土壤全盐含量大于或等于0.5%的重盐碱地和土壤重黏地区的绿化栽植工程应实施土壤改良。土壤改良工程应有相应资质的专业施工单位施工。

2. 质量要点

排盐（渗水）沟断面和填埋材料应符合设计要求。

3. 质量验收

1）主控项目

（1）开槽范围、槽底高程应符合设计要求，槽底应高于地下水标高。

（2）槽底不得有淤泥、软土层。

2）一般项目

槽底应找平和适度压实，槽底标高和平整度允许偏差应符合表1-4 的规定。

表 1-4 排盐（渗水）管沟隔淋（渗水）层铺设厚度允许偏差

项次	项目		尺寸要求（cm）	允许偏差（cm）	检查数量		检验方法
					范围	点数	
1	槽底	槽底高程	设计要求	±2	1000m²	5~10	测量
		槽底平整度	设计要求	±3		5~10	测量
2	排盐（渗水）管	每100m坡度	设计要求	≤1	200m	5	测量
		水平位移	设计要求	±3	200m	3	测量
		排盐(渗水)管底至排水(渗水)沟底距离	12	±2	200m	3	测量
3	隔淋(渗水)层	厚度	16~20	±2	1000m²	5~10	测量
			11~15	±1.5			
			≤10	±1			
4	观察井	主排盐(渗水)管入井管底标高	设计要求	0 -5	每座	3	测量
		观察井至排盐(渗水)管底距离		±2			
		井盖标高		±2			

1.1.11 排盐（渗水）管敷设工程

1. 施工要点

排盐（渗水）管的连接，排盐（渗水）管与观察井的连接，末端排盐（渗水）管的封堵，应符合设计要求。

2. 质量要点

1）隔淋（渗水）层的材料及铺设厚度应符合设计要求。

2）雨后检查积水情况。对雨后 24h 仍有积水地段，应增设渗水井与隔淋层相通。

3. 质量验收

1）主控项目

（1）排盐（渗水）管敷设走向、长度、间距及过路管的处理应符合设计要求。

（2）管材规格、性能符合设计和使用功能要求，并有出厂合格证。

（3）排盐（渗水）管应通顺有效，主排盐（渗水）管应与外界市政排水管网接通，终端管底标高应高于排水管管中 15cm 以上。

2）一般项目

（1）排盐（渗水）沟断面和填埋材料应符合设计要求。

（2）排盐（渗水）管、观察井允许偏差应符合表 1-4 的规定。

1.1.12 隔淋（渗水）层工程

1. 施工要点

石屑淋层材料中石粉和泥土含量不得超过 10％，其他隔淋（渗水）层材料中也不得掺杂黏土、石灰等黏结物。

2. 质量要点

隔淋（渗水）层铺设厚度允许偏差应符合规范规定。

3. 质量验收

1）主控项目

铺设隔淋（渗水）层时，不得损坏排盐（渗水）管。

2）一般项目

隔淋（渗水）层铺设厚度允许偏差应符合表 1-4 的规定。

1.2 栽植工程

1.2.1 植物材料工程

1. 施工要点

1) 植物材料种类、品种名称及规格符合设计及规范要求。

2) 对外省市及国外苗木进行检疫，防止病虫害的传入。

2. 质量要点

1) 苗木的姿态符合设计要求，生长势健旺。

2) 苗木的高度、冠形、土球、裸根苗的根幅，在规范偏差范围内。

3. 质量验收

1) 强制性条文

严禁使用带有严重病虫害的植物材料，非检疫对象的病虫害危害程度或危害痕迹不得超过树体的 5%～10%。自外省市及国外引进的植物材料应有植物检疫证。

2) 一般项目

（1）植物材料的外观质量要求和检验方法应符合表 1-5 的规定。

（2）植物材料规格允许偏差和检验方法有约定的应符合约定要求，无约定的应符合表 1-6 规定。

表1-5 植物材料外观质量要求和检验方法

项次	项目		质量要求	检验方法
1	乔木灌木	姿态和长势	树干符合设计要求,树冠较完整,分枝点和分枝合理,生长势良好	检查数量:每100株检查10株,每株为1点,少于20株全数检查。检查方法:观察、测量
		病虫害	危害程度不超过树体的5%~10%	
		土球苗	土球完整,规格符合要求,包装牢固	
		裸根系苗	根系完整,切口平整,规格符合要求	
		容器苗木	规格符合要求,容器完整、苗木不徒长、根系发育良好不外露	
2	棕榈科植物		主干挺直,树冠匀称,土球符合要求,根系完整	
3	草卷、草块、草束		草卷、草块长宽尺寸基本一致,厚度均匀,杂草不超过5%,草高适度,根系好,草芯鲜活	检查数量:按面积抽查10%,4m²为1点,不少于5个点。≤30m²应全数检查。检查方法:观察
4	花苗、地被、绿篱及模纹色块植物		株型苗壮,根系基本良好,无伤苗,茎、叶无污染,病虫害程度不超过植株的5%~10%	检查数量:按数量抽查10%,10株为1点,不少于5个点。≤50株应全数检查。检查方法:观察
5	整型景观树		姿态独特、曲虬苍劲、质朴古拙,株高不小于150cm,多干式桩景的叶片托盘不少于7个,土球完整	检查数量:全数检查。检查方法:观察、尺量

表 1-6 植物材料规格允许偏差和检验方法

项次	项目		允许偏差(cm)	检查频率		检验方法
				范围	点数	
1	乔木	胸径(cm) ≤5	−0.2	每100株检查10株,每株为1点,少于20株全数检查	10	测量
		胸径(cm) 6~9	−0.5			
		胸径(cm) 10~15	−0.8			
		胸径(cm) 16~20	−1.0			
		高度	−20			
		冠径	−20			
2	灌木	高度(cm) ≥100	−10			
		高度(cm) <100	−5			
		冠径(cm) ≥100cm	−10			
		冠径(cm) <100cm	−5			
3	球类苗木	冠径(cm) <50	0			
		冠径(cm) 50~100	−5			
		冠径(cm) 101~200	−10			
		冠径(cm) >200	−20			
		高度(cm) <50	0			
		高度(cm) 50~100	−5			
		高度(cm) 101~200	−10			
		高度(cm) >200	−20			
4	藤本	主蔓长(cm) ≥150	−10			
		主蔓径(cm) ≥1	0			
5	棕榈科植物	株高(cm) ≤100	0		10	测量
		株高(cm) 101~250	−10			
		株高(cm) 251~400	−20			
		株高(cm) >400	−30			
		地径(cm) ≤10	−1			
		地径(cm) 11~40	−2			
		地径(cm) >40	−3			

1.2.2 栽植穴、槽工程

1. 施工要点

1) 为防止挖掘栽植穴、槽时,损坏地下管线等设施,事先向有关部门了解地下综合城市管网情况。栽植穴、槽与各类管线保持一定距离。

2）栽植穴、槽放线符合设计要求及规范规定。

3）树木定点遇到有障碍物时，与设计联系，进行适当调整。

4）栽植穴、槽挖出的表层土和底土应分别堆放，底部应施基肥并回填表土或改良土。

5）种植大树时，可采用挖掘机挖穴。挖穴前了解现场的管线走向、深度，避开管线。挖穴出土时，土方放于穴两侧，树穴大致挖好后，由人工进行穴壁、穴底的修整。机械作业时，注意作业人员的安全。

6）水景园、水湿生植物景点、人工湿地的水湿生植物栽植槽应符合设计要求。

2. 质量要点

栽植穴、槽的规格，根据苗木的土球和根幅的大小再加大 40~60cm，确定穴的直径。穴深根据土球厚度及裸根苗根系长度，按当地气候条件的经验深度，再加深 20~30cm，槽应垂直下挖，上口下底相等。

3. 质量验收

1）强制性条文

同 1.1.1 中的强制性条文。

2）主控项目

（1）栽植穴、槽定点放线应符合设计图纸要求，位置应准确，标记明显。

（2）栽植穴、槽底部遇有不透水层及重黏土层时，应进行疏松或采取排水措施。

（3）水湿生植物栽植槽的材料、结构、防渗应符合设计要求。槽内不宜采用轻质土或栽培基质。

3）一般项目

（1）栽植穴、槽挖出的表层土和底土应分别堆放，底部应施基肥并回填表土或改良土。

（2）土壤干燥时应于栽植前灌水浸穴、槽。

（3）当土壤密实度大于 $1.35g/cm^3$ 或渗透参数小于 10^{-4} cm/s 时，应采取扩大树穴、疏松土壤等措施。

1.2.3 苗木运输与假植工程

1. 施工要点

1）苗木装卸，须保护好土球、根系及树体，使用机械时，注意起吊点及吊索绑扎方式，以保护树体为宗旨，尤其是树体树汁已经流动的季节里。

2）起吊设备和车辆处于正常安全的状况，满足苗木起吊、运输要求。

3）苗木装运前，视情况可适当修剪。

2. 质量要点

1）苗木应在圃里卷杆，保护树干。装卸时，轻取轻放，不得损伤树体、土球及根系。

2）运输途中，采取覆盖、适当补水等措施，保持根部、树体湿润。

3. 质量验收

1）强制性条文

运输吊装苗木的机具和车辆工作吨位，必须满足苗木吊装、运输的需要，并应制定相应的安全操作措施。

2）主控项目

苗木到场后，按品种、规格集中堆放；当天不能栽植的，及时进行假植。

3）一般项目

（1）裸根苗木运输时，应进行覆盖，保持根部湿润。装车、运输、卸车时不得损伤苗木。

（2）带土球苗木装车和运输时排列顺序应合理，捆绑稳固，卸车时应轻取轻放，不得损伤苗木及散球。

（3）苗木假植应符合下列规定：

①裸根苗可在栽植现场附近选择适合地点，根据根幅大小，挖假植沟假植。假植时间较长时，根系应用湿土埋严，不得透风，根系不得失水。

②带土球苗木的假植，可将苗木码放整齐，土球四周培土，喷水保持土球湿润。

4．安全要点

1）装车时树根必须在车头部位，树冠在车尾部位，泥球要垫稳，树身与车板接触处，必须垫软物，并进行固定。

2）路途远，气候过冷、风大或过热时，根部必须盖草包等物进行保护。

1.2.4 苗木修剪工程

1．施工要点

1）栽植前，对苗木根部和树冠进行修剪，以保持树体地上、地下部位的水代谢平衡，提高栽植成活率。

2）苗木应先剪去损伤断枝、枯枝、严重病虫枝等，再剪去重叠枝、内膛枝、徒长枝等，保持原树外形轮廓为原则，先锯大枝，再剪小枝，锯剪结合。

3）枝条应从基部剪除，不留木橛，剪口平滑，不得劈裂。

4）修剪强度视树种、季节温湿度、土球状况而定；高温季节、土球状况不佳时修剪强度加大。

5)乔灌木修剪时保证单株、多株或树丛的构图优美；单株的树高与冠形外形比例恰当，树丛中树与树之间拥挤度适当，高差尺度协调，轮廓清晰。

6)绿篱、色块、造型苗木，在种植后应按设计要求，整形修剪。

2.质量要点

1)落叶乔木修剪

(1)具有明显的主轴干的，保持原有主尖和树形，适当疏枝，对保留的主侧枝应在健壮芽上部短截，可剪去枝条数量的 1/5～1/3。因整体构图需要，须降低树木高度时，先确定顶枝高度，以原有主尖树形为轮廓外形，分别截短各侧枝，截短处留有次级分枝为佳。

(2)无明显主轴干的，可对主枝的侧枝进行短截或疏枝并保持原树形。

(3)行道树乔木定干高宜为 2.8～3.5m，第一分枝点以下枝条全部剪除，同一条道路上相邻树木高度应基本统一。

(4)非栽植季节栽植落叶树木，应根据不同树种的特性，保持树形，宜适当增加修剪量，可剪去枝条 1/3～1/2。

2)常绿乔木修剪

(1)阔叶乔木具有圆头形树冠的可适量疏枝。

(2)松树类苗木宜以疏枝为主，剪去每轮中过多的主枝，修剪时枝条基部留 1～2cm 木橛。

(3)柏类苗木不宜修剪，具有双头或竞争枝、病虫枝、枯死枝应剪除。

3)灌木修剪

(1)灌木有明显主干形的，修剪保持原有树形，主枝分布均匀，主枝短截长度宜不超过 1/2。

（2）丛植型灌木预留枝条宜大于30cm。多干型灌木不宜疏枝。

（3）藤本类苗木应剪除枯死枝、病虫枝、过长枝。

（4）绿篱及色带修剪应轮廓清晰，线条流畅，基部丰满，高度一致，侧面齐平。

3．质量验收

1）主控项目

（1）苗木修剪整形应符合设计要求，当无要求时，修剪整形应保持原树形。

（2）苗木应无损伤断枝、枯枝、严重病虫枝等。

2）一般项目

（1）落叶树木的枝条应从基部剪除，不留木橛，剪口平滑，不得劈裂。

（2）枝条短截时应留外芽，剪口应距留芽位置上方0.5cm。

（3）修剪直径2cm以上大枝及粗根时，截口应削平并涂防腐剂。

4．安全要点

（1）上树修剪人员必须戴安全帽和系安全带，禁止穿硬底鞋、拖鞋、高跟鞋以及带钉或易滑的各种鞋，禁止雨天、雪天和大风等恶劣天气从事上树修剪作业，禁止上下同时垂直作业。

（2）作业时应按要求在作业区设置警示标志，当占用道路时应办理行政许可，操作人员防护用品应符合安全要求。

1.2.5　苗木栽植工程

1．施工要点

1）苗木种植，进行质量控制，提高苗木成活率。

（1）带土球树木栽植前应去除土球不易降解的包装物。

（2）栽植时应注意观赏面的合理朝向，树形丰满的一面应面向观赏点。

（3）树木栽植深度应与原种植线持平。

（4）栽植树木回填的栽植土应分层捣实。

2）群落组团种植中，苗木放入种植穴后，注意观察位置的合理程度，作适当调整。

3）苗木栽植后及时做围堰、支撑、浇水。浇水时，须保证水质质量。华北地区，一般浇水3遍进行封穴，南方地区苗木种植浇水后，视天气情况进行补水；对浇水后出现的树木倾斜，应及时扶正，并加以固定。

4）树木支撑物、牵拉物的强度保证支撑坚固、有效，并保护好树体。用软牵拉固定时应设置警示标志。支撑要求美观，扁担撑应平行于人行走方向。

5）非种植季节栽植苗木时，须带土球栽植或采用容器苗，采取疏枝、强剪、摘叶等措施；干旱地区可采取浸穴、苗木根部用生根激素处理等措施。

6）广场、人行道栽植树木时，种植池应铺设透气铺装，加设护栏。

2. 质量要点

1）树木栽植后，应在栽植穴周围筑高10～20cm围堰，堰应筑实。在浇透水后及时封堰。

2）浇水水质进行检测，符合国家标准《农田灌溉水质标准》（GB 5084—2021）的规定。

3. 质量验收

1）主控项目

（1）栽植的树木品种、规格、位置应符合设计规定。

（2）除特殊景观树外，树木栽植应保持直立，不得倾斜。

（3）行道树或行列栽植的树木应在一条线上，相邻植株规格应合理搭配。

（4）树木栽植成活率不应低于95%；名贵树木栽植成活率应达到100%。

2）一般项目

（1）绿篱及色块栽植时，株行距、苗木高度、冠幅大小应均匀搭配，树形丰满的一面应向外。

（2）非种植季节进行树木栽植时，应根据不同情况采取下列措施：

① 苗木可提前进行环状断根处理或在适宜季节起苗，用容器假植，带土球栽植。

② 落叶乔木、灌木类应进行适当修剪并应保持原树冠形态，剪除部分侧枝，保留的侧枝应进行短截，并适当加大土球体积。

③ 可摘叶的应摘去部分叶片，但不得伤害幼芽。

④ 夏季可采取遮阴、树木裹干保湿、树冠喷雾或喷施抗蒸腾剂，减少水分蒸发；冬季应采取防风防寒措施。

⑤ 掘苗时根部可喷布促进生根激素，栽植时可施加保水剂，栽植后树体可注射营养剂。

⑥ 苗木栽植宜在阴雨天或傍晚进行。

（3）干旱地区或干旱季节，树木栽植应大力推广抗蒸腾剂、防腐促根、免修剪、营养液滴注等新技术，采用土球苗，加强水分管理等措施。

1.2.6 竹类栽植工程

1. 施工要点

1）挖掘选择植株健壮、根系发育良好，一、二年生的竹苗。

2）在运输过程中，应进行覆盖，注意根部保鲜，防止失水。

3）栽植前进行修剪，土壤整理改良、栽植方法符合规范要求。

4）竹类栽植后的养护应符合下列规定：

（1）栽植后应立柱或横杆互连支撑，严防晃动。

（2）栽后应及时浇水。

（3）发现露鞭时应进行覆土并及时除草松土，严禁踩踏根、鞭、芽。

（4）及时中耕、除草、松土，保证竹苗生长。

2. 质量要点

1）散生竹必须带鞭，中小型散生竹宜留来鞭20～30cm，去鞭30～40cm。

2）丛生竹挖掘时应在母竹25～30cm的外围，扒开表土，由远至近逐渐挖深，应严防损伤竿基部芽眼，竿基部的须根应尽量保留。

3）栽植穴的规格及间距可根据设计要求及竹蔸大小进行挖掘，丛生竹的栽植穴宜大于根蔸的1～2倍；中小型散生竹的栽植穴规格应比鞭根长40～60cm，宽40～50cm，深20～40cm。

4）竹类栽植，应先将表土填于穴底，深浅适宜，拆除竹苗包装物，将竹蔸入穴，根鞭应舒展，竹鞭在土中深度宜20～25cm；覆土深度宜比母竹原土痕高3～5cm，进行踏实、及时浇水，渗水后覆土。

3. 质量验收

1）主控项目

(1) 竹苗的挖掘应符合下列规定：

① 散生竹母竹挖掘：

a. 可根据母竹最下一盘枝杈生长方向确定来鞭、去鞭走向进行挖掘。

b. 切断竹鞭截面应光滑，不得劈裂。

c. 应沿竹鞭两侧挖深40cm，截断母竹底根，挖出的母竹与竹鞭结合应良好，根系完整。

② 丛生竹母竹挖掘：

a. 在母竹一侧应找准母竹竿柄与老竹竿基的连接点，切断母竹竿柄，连蔸一起挖起，切断操作时，不得劈裂竿柄、竿基。

b. 每蔸分株根数应根据竹种特性及竹竿大小确定母竹竿数，大竹种可单株挖蔸，小竹种可3～5株成墩挖掘。

(2) 竹类栽植应符合下列规定：

① 竹类材料品种、规格应符合设计要求。

② 放样定位应准确。

③ 栽植地应选择土层深厚、肥沃、疏松、湿润、光照充足，排水良好的壤土（华北地区宜背风向阳）。对比较黏重的土壤及盐碱土应进行换土或土壤改良，并符合《园林绿化工程施工及验收规范》（CJJ 82—2012）（以下简称《规范》）第4.1.3条的要求。

2）一般项目

(1) 竹类的包装运输应符合下列规定：

① 竹苗应采用软包装进行包扎，并应喷水保湿。

② 竹苗长途运输应篷布遮盖，中途运输应喷水或于根部置放保湿材料。

③ 竹苗装卸时应轻装轻放，不得损伤竹竿与竹鞭之间

的着生点和鞭芽。

（2）竹类修剪应符合下列规定：

① 散生竹竹苗修剪时，挖出的母竹宜留枝 5～7 盘，将顶梢剪去，剪口应平滑；不打尖修剪的竹苗栽植后应进行喷水保湿。

② 丛生竹竹苗修剪时，竹竿应留枝 2～3 盘，应靠近节间斜向将顶梢截除；切口应平滑呈马耳形。

1.2.7 草坪及草本地被播种、分栽工程

1. 施工要点

1）草坪、地被播种必须做好种子的处理、土壤处理，喷水按不同时段的工序要求进行。

2）草坪和草本地被植物分栽应选择强匍匐茎或强根茎生长习性草种。分栽的植物材料应注意保鲜，不萎蔫。

3）铺设草坪、草卷，应先浇水浸地细整找平，排水坡度适当，不得有低洼积水处。

4）草坪、地被播种宜在植物生长期进行。

2. 质量要点

1）草坪分栽植物的株行距，每丛的单株数应满足设计要求，设计无明确要求时，可按丛的组行距（15～20）cm×（15～20）cm，成品字形；或以 1m² 植物材料可按 1∶3～1∶4 的系数进行栽植。

2）在干旱地区或干旱季节，草坪和草本地被植物分栽在栽植前先浇水浸地，浸水深度应达 10cm 以上。

3）运动场草坪的排水层、渗水层、根系层、草坪层的允许偏差，符合规范要求。

3. 质量验收

1）主控项目

(1) 分栽的植物材料应注意保鲜,不萎蔫。
(2) 草坪和草本地被的播种、分栽应符合下列规定:
① 成坪后覆盖度应不低于95%。
② 单块裸露面积不大于25cm²。
③ 杂草及病虫害的面积应不大于5%。
2) 一般项目
栽植后应平整地面,适度压实,立即浇水。

1.2.8 喷播种植工程
1. 施工要点
1) 根据坡面实际情况,混凝土格构、锚固、固土网格、土工合成材料、喷射基质等施工做法符合设计要求和规范规定。
2) 施工作业由专业施工人员持证操作。
2. 质量要点
1) 喷播前进行种子发芽率测试,根据种子发芽率计算播种量。不同草种播种量可参考《规范》表4.8.1条的规定。
2) 喷播宜在植物生长期进行。
3) 坡面栽植层的栽植土(基质)理化性质应符合《规范》第4.1.3条的要求;喷播基质不应剥落;栽植土或基质表面无明显沟蚀、流失;栽植土(基质)的肥效不得少于3个月。
3. 质量验收
1) 主控项目
(1) 喷播前应检查锚杆网片固定情况,清理坡面。
(2) 喷播的种子覆盖料、土壤稳定剂的配合比应符合设计要求。

2）一般项目

（1）播种覆盖前应均匀无漏，喷播厚度均匀一致。

（2）喷播应从上到下依次进行。

（3）在强降雨季节喷播时应注意覆盖。

4. 安全要点

1）开工前必须对施工队伍进行书面的安全交底，注明施工中应注意的事宜与禁止事项。

2）多工种作业时，必须设专人负责，统一指挥，相互配合。所有进入施工现场人员，必须按规定佩戴安全帽和系安全带等个人劳动保护用品，凡不符合安全规定者，严禁上岗。

3）严禁班前饮酒，进入施工现场不准嬉戏打闹，禁止从事与本职工作无关的事情。

4）空压机、搅拌机等机械应具有制造许可证、产品合格证、检验证明等。

5）各种机械不准超载运行，运行中发现有异声、电机过热应停机检修或降温，严禁在运行中检修、保养。

6）检修机械设备时，应拉闸断电锁箱，并挂"有人检修禁止合闸警示牌"，应设监护人，停电牌应谁挂谁取。

1.2.9 运动场草坪工程

1. 施工要点

1）铺植草块大小厚度均匀，缝隙严密，草块与表层基质紧密。

2）成坪后草坪层的覆盖度均匀，草坪颜色无明显差异，无明显裸露斑块，无明显杂草和病虫害症状，茎密度应为$2\sim4$枚$/cm^2$。

2. 质量要点

1）运动场草坪的排水层、渗水层、根系层、草坪层应符合设计要求。

2）根系层的土壤应浇水沉降，进行水夯实，基质铺设细致均匀，整体紧实度适宜。

3. 质量验收

1）主控项目

（1）根系层土壤的理化性质应符合《规范》第4.1.3和4.1.6条的规定。

（2）运动场草坪成坪后应符合下列规定：

① 成坪后覆盖度应不低于95%。

② 单块裸露面积不大于25cm²。

③ 杂草及病虫害的面积应不大于5%。

2）一般项目

运动场根系层相对标高、排水降坡、厚度、平整度允许偏差应符合表1-7的规定。

表1-7 运动场根系层相对标高、排水降坡、厚度、平整度允许偏差

项次	项目	尺寸要求（cm）	允许偏差（cm）	检查数量 范围	检查数量 点数	检查方法
1	根系相对标高	设计要求	+2.0	500m²	3	测量（水准仪）
2	排水降坡	设计要求	≤0.5%			
3	根系层土壤块径	运动型	≤1.0	500m²	3	观察
4	根系层平整度	设计要求	≤2	500m²	3	测量（水准仪）
5	根系层厚度	设计要求	±1	500m²	3	挖样洞（或环刀取样）量取
6	草坪层草高修剪控制	4.5～6.0	±1	500m²	3	观察、检查剪草记录

1.2.10 花卉栽植工程

1. 施工要点

1）花卉栽植应按照设计图定点放线，在地面准确画出位置、轮廓线。

2）株行距应均匀，高低搭配应恰当、协调；栽植深度应适当，根部土壤应压实，花苗不得沾泥污。

3）大型花坛栽植花卉时，宜分区、分规格、分块栽植。独立花坛，应由中心向外顺序栽植。模纹花坛应先栽植图案的轮廓线，后栽植内部填充部分。坡式花坛应由上向下栽植。

4）高矮不同品种的花苗混植时，应按先高后矮的顺序栽植。宿根花卉与一、二年生花卉混植时，应先栽植宿根花卉，后栽一、二年生花卉。

5）单面花境应从后部栽植高大的植株，依次向前栽植低矮植物。双面花境应从中心位置开始依次栽植。混合花境应先栽植大型植株，定好骨架后依次栽植宿根、球类及一、二年生的草花。

6）花卉种植后，及时浇水，并应保持植株茎叶清洁。

2. 质量要点

花境栽植设计无要求时，各种花卉应成团成丛栽植，各团、丛间花色、花期搭配合理。

3. 质量验收

1）主控项目

（1）花卉的品种、规格、栽植放样、栽植密度、栽植图案均应符合设计要求。

（2）花卉栽植土及表层土整理应符合《规范》第4.1.3条和4.1.6条的规定。

（3）花卉应覆盖地面，成活率不得低于95％。

2）一般项目

（1）株行距应均匀，高低搭配应恰当。

（2）栽植深度应适当，根部土壤应压实，花苗不得沾泥污。

1.2.11 大树挖掘及包装工程

1. 施工要点

1）移植前应对树体生长、立地条件、周围环境等进行现场察看，确定好机械通道，上车方式；所需机械、运输车辆和大型工具性能必须保持完好，确保操作安全。

2）选定的移植大树应在树干南侧做出明显标识，标明树木的阴阳面及出土线。移植大树可在移植前分期断根、修剪，做好移植准备。

3）针叶常绿树、珍贵树种、生长期移植的阔叶乔木必须带土球（土台）移植。树木胸径20～25cm时，可采用土球移植，进行软包装；当树木胸径大于25cm时，可采用土台移植，用箱板包装。挖掘前立好支柱，支稳树木。挖掘土球、土台应先去除表土，深度接近表土根。

4）粗大树根应用手锯锯断，细小的根采用剪刀剪断，根截面不得露出土球表面。

2. 质量要点

1）土球软质包装应紧实无松动，腰绳宽度应大于10cm。

2）土球直径1m以上的应作封底处理。

3. 质量验收

1）主控项目

（1）土球规格应为树木胸径的6～10倍，土球高度为土球直径的 2/3，土球底部直径为土球直径的 1/3；土台规格应上大下小，下部边长比上部边长少 1/10。

(2) 树根应用手锯锯断，锯口平滑无劈裂并不得露出土球表面。

2) 一般项目

(1) 土台的箱板包装应立支柱，稳定牢固，并应符合下列要求：

① 修平的土台尺寸应大于边板长度 5cm，土台面平滑，不得有砖石等凸出土台。

② 土台顶边应高于边板上口 1~2cm，土台底边应低于边板下口 1~2cm；边板与土台应紧密严实。

③ 边板与边板、底板与边板、顶板与边板应钉装牢固无松动；箱板上端与坑壁、底板与坑底应支牢、稳定无松动。

(2) 休眠期间移植落叶乔木可进行裸根带护心土移植，根幅应大于树木胸径的 6~10 倍，根部可喷保湿剂或蘸泥浆处理。

(3) 带土球的树木可适当疏枝；裸根移植的树木应进行重剪，剪去枝条的 1/2~2/3。针叶常绿树修剪时应留 1~2cm 木橛，不得贴根剪去。

1.2.12 大树吊装运输工程

1. 施工要点

1) 根据季节及品种的不同，选择最佳的起吊绑扎方式，以保护树体为前提，特别是在树液已开始萌动的季节可采用二点吊法、吊土球法等。

2) 作业时，按专项方案做好准备工作，并有专人现场指挥。

3) 应及时用软垫层支撑、固定树体。

2. 质量要点

1) 吊运过程中,做好树体的保护工作。

2) 装车前,可进行适当修剪,以防止树体水分过度蒸发流失;运输前,盖好篷布。运输中,可适当喷水保持树体湿润。白天气温过高时,可在夜间运输、卸车,避开中午高温时段。

3) 种植前,可采用机械辅助做好修剪工作。

3. 质量验收

1) 强制性条文

运输吊装苗木的机具和车辆工作吨位,必须满足苗木吊装、运输的需要,并应制定相应的安全操作措施。

2) 主控项目

(1) 大树吊装、运输的机具、设备应符合规范中的强制性规定。

(2) 吊装、运输时,应对大树的树干、枝条、根部的土球、土台采取保护措施。

3) 一般项目

(1) 大树吊装就位时,应注意选好主要观赏面的方向。

(2) 应及时用软垫层支撑、固定树体。

4. 安全要点

1) 严格检查各种施工机械的性能,保证正常使用。

2) 现场施工人员要保证身体健康,严格按技术规程操作。

3) 软包装的泥球和起吊绳接触处必须垫木板。

4) 起吊人必须服从地面施工负责人指挥,相互密切配合,慢慢起吊,吊臂下和树周围除工地指挥者外不准留人。

5）起吊时，如发现有未断的底根，应立即停止上吊，切断底根后方可继续上吊。

6）树木吊起后，装运车辆必须密切配合。

7）装车时，树根必须在车头部位，树冠在车尾部位，泥球要垫稳，树身与车板接触处，必须垫软物，并作固定。

8）运输时，车上必须有专人押运，遇有电线等影响运输的障碍物必须排除后，方可继续运输。

9）路途远，气候过冷、风大或过热时，根部必须盖草包等物进行保护。

1.2.13 大树栽植工程

1. 施工要点

1）大树的树穴可用机械挖掘，人工修缮。

2）大树修剪应符合规范要求；可采用机械辅助修剪；若在垂直树体上修剪，做好安全防护措施。

3）种植土球树木，应将土球放稳，拆除包装物，根部做杀菌处理，涂洒生根粉。

4）大树栽植后设立支撑应牢固，并进行裹干保湿，栽植时可加施保水剂，栽植后应及时浇水；可注射营养剂，恢复树势。

2. 质量要点

1）大树的规格、种类、树形、树势应符合设计要求。

2）定点放线应符合施工图规定。

3. 质量验收

1）主控项目

栽植深度应保持下沉后原土痕和地面等高或略高，树干或树木的重心应与地面保持垂直。

2）一般项目

(1) 栽植穴应根据根系或土球的直径加大60～80cm，深度增加20～30cm。

(2) 种植土球树木，应将土球放稳，拆除包装物；大树修剪应符合《规范》第4.5.4条的要求。

(3) 栽植回填土壤应用种植土，肥料应充分腐熟，加土混合均匀，回填土应分层捣实、培土高度恰当。

(4) 大树栽植后，应对新植树木进行细致的养护和管理，应配备专职技术人员做好修剪、剥芽、喷雾、叶面施肥、浇水、排水、搭荫棚、包裹树干、设置风障、防台风、防寒和病虫害防治等管理工作。

4. 安全要点

1) 严格检查挖机、吊机的机械性能，保证正常使用。

2) 作业中必须有专人负责指挥，指挥人员必须站在机械的前方进行指挥作业，斗臂活动半径范围内严禁站人。

1.2.14 水湿生植物栽植工程

1. 施工要点

1) 主要水湿生植物最适栽培水深应符合《规范》第4.10.1条规定要求。

2) 采取相应措施，做好植株与土壤接合的固着工作。

2. 质量要点

1) 水湿生植物栽植后至长出新株期间应控制水位，严防新生苗（株）浸泡窒息死亡。

2) 水湿生植物可采用容器苗种植，提高成活率，缩短景观效果的过渡期。

3. 质量验收

1) 强制性条文

(1) 水湿生植物栽植地的土壤质量不良时，应更换合格的栽植土，使用的栽植土和肥料不得污染水源。

（2）水湿生植物的病虫害防治应采用生物和物理防治方法，严禁药物污染水源。

2）主控项目

水湿生植物的种类、品种和单位面积栽植数应符合设计要求。

3）一般项目

水湿生植物栽植成活后单位面积内拥有成活苗（芽）数应符合表1-8的规定。

表1-8 水湿生植物栽植成活后单位面积内拥有成活苗（芽）数

项次	种类、名称		单位	每 m^2 内成活苗（芽）数	地下部、水下部特征
1	水湿生类	千屈菜	丛	9～12	地下具粗硬根茎
		鸢尾（耐湿类）	株	9～12	地下具鳞茎
		落新妇	株	9～12	地下具根状茎
		地肤	株	6～9	地下具明显主根
		萱草	株	9～12	地下具肉质短根茎
2	挺水类	荷花	株	不少于1	地下具横生多节根状茎
		雨久花	株	6～8	地下具匍匐状短茎
		石菖蒲	株	6～8	地下具硬质根茎
		香蒲	株	4～6	地下具粗壮匍匐根茎
		菖蒲	株	4～6	地下具较偏肥根茎
		水葱	株	6～8	地下具横生粗壮根茎
		芦苇	株	不少于1	地下具粗壮根状茎
		茭白	株	4～6	地下具匍匐茎
		慈姑、荸荠、泽泻	株	6～8	地下具根茎

续表

项次	种类、名称		单位	每 m² 内成活苗（芽）数	地下部、水下部特征
3	浮水类	睡莲	盆	按设计要求	地下具横生或直立块状根茎
		菱角	株	9～12	地下根茎
		大漂	丛	控制在繁殖水域内	根浮悬垂水中

1.2.15 设施顶面栽植工程

1. 施工要点

1）做好安全技术交底工作，并进行书面签字。

2）有些工程在已入住的居民区内，现场做到文明施工，实行落手清制度。协调好各方关系，做到不扰民。

3）做好垂直运输的安全工作，借用总包的垂直运输系统，提前协调，办理好相关手续。

4）做好自身及其他方的成品保护工作。

2. 质量要点

1）设施顶面的防水排灌系统、栽植基质层符合设计要求。

2）植物材料应首选容器苗、带土球苗和苗卷、生长垫、植生带等全根苗木。

3）乔灌木应首选耐旱节水、再生能力强、抗性强的种类和品种。

4）草坪建植、地被植物栽植宜采用播种工艺。

5）苗木修剪应适应抗风要求，修剪应符合《规范》第4.5.4 条的规定。

3. 质量验收

1）强制性条文

设施顶面绿化栽植基层（盘）应有良好的防水排灌系统，防水层不得渗漏。

2）主控项目

（1）植物材料的种类、品种和植物配置方式应符合设计要求。

（2）自制或采用成套树木固定牵引装置、预埋件等应符合设计要求，支撑操作使栽植的树木牢固。

（3）树木栽植成活率及地被覆盖度应符合《规范》第4.6.1条第10款和4.8.5条第1款的规定。

3）一般项目

（1）植物栽植定位符合设计要求。

（2）植物材料栽植，应及时进行养护和管理，不得有严重枯黄死亡、植被裸露和明显病虫害。

1.2.16 设施立面垂直绿化工程

1. 施工要点

1）建筑物、构筑物立面较光滑时，应加设载体后再进行栽植。

2）加设的载体必须牢固、安全，无尖凸物。

3）模块式垂直绿化宜采用自动灌溉和施肥装置相结合的构造确保植物的水分和养分供给。

2. 质量要点

（1）攀援式、框架式、种植槽式、模板式、铺贴式等不同类型的垂直绿化施工要求应符合《垂直绿化工程技术规程》（CJJ/T 236—2015）的要求。

（2）建筑物、构筑物的外立面及围栏的立地条件较差，可利用栽植槽栽植，槽的高度宜为 50～60cm，宽度宜为

50cm，种植槽应有排水孔；栽植土应符合《规范》第4.1.3条的规定。

3. 质量验收

1）强制性条文

设施顶面绿化栽植基层（盘）应有良好的防水排灌系统，防水层不得渗漏。

2）主控项目

（1）低层建筑物、构筑物的外立面、围栏前为自然地面，符合栽植土标准时，可进行整地栽植。

（2）垂直绿化栽植的品种、规格应符合设计要求。

3）一般项目

（1）建筑物、构筑物立面较光滑时，应加设载体后再进行栽植。

（2）植物材料栽植后应牵引、固定、浇水。

1.2.17 浇灌水工程

1. 施工要点

1）树木栽植后，应尽早浇灌水，以补充在运输、堆放的时段中蒸发的水分；至少做到当天种植，当天浇灌水，若当天为雨天，也应浇灌水。

2）大树栽植，可边回土，边浇灌水。边浇边用木棍捣土球外围的回填土，以保证回填土与土球紧密贴实，确保土球周边无空洞。

3）对乔木浇灌水前，先做好支撑，以保持树种植后树姿。若未能及时支撑，先浇灌一部分水，既可使树体不倾倒，又使树体临时补充水分。

4）浇水时，浇透土壤的同时，应将整株树体浇透一遍。

5）浇水时，应仔细观察水流对土壤流失的影响，巡回浇水。对小灌木、地被浇水时，适当细化水流，类似自然下雨。

2. 质量要点

新栽植树木应在浇透水后及时封堰，以后根据观察土壤表层干湿情况及时补水。

3. 质量验收

1）主控项目

（1）栽植后应在栽植穴直径周围筑高 10~20cm 围堰，堰应筑实。

（2）浇灌树木的水质应符合现行国家标准《农田灌溉水质标准》（GB 5084-2021）的规定。

（3）每次浇灌水量应满足植物成活及生长需要。

2）一般项目

（1）浇水时应在穴中放置缓冲垫。

（2）对浇水后出现的树木倾斜，应及时扶正，并加以固定。

1.2.18 支撑工程

1. 施工要点

1）应根据立地条件和树木规格进行三角支撑、四柱支撑、联排支撑及软牵拉。

2）支撑木条大小、高度统一。

3）行道树支撑桩的定位与行道树走向平行，整齐统一。

4）发现树干下沉或出现吊桩等，应及时调整扎缚高低和松紧度，使土球恢复原种植位置，并树干保持直立。

2. 质量要点

1）单柱桩：扎缚材料应在距护树桩顶端 20cm 处，呈"∞"形扎缚三道加上腰箍，保持主干立直。

2）扁担桩：离地面1.1m高处，应在主干内侧架一水平横挡，分别与树干主干、护树桩缚牢，保持主干立直。

3.质量验收

1）主控项目

（1）支撑物的支柱应埋入土中不少于30cm，支撑物、牵拉物与地面连接点的连接应牢固。

（2）连接树木的支撑点应在树木主干上，其连接处应设软物质垫衬，并绑扎牢固。

2）一般项目

（1）支撑物、牵拉物的强度能够保证支撑有效；用软牵拉固定时，应设置警示标志。

（2）针叶常绿树的支撑高度应不低于树木主干的2/3，落叶树木支撑高度为树木主干高度的1/2。

（3）同规格、同树种的支撑物、牵拉物的长度、支撑角度、绑缚形式以及支撑材料宜统一。

1.3 养护工程

"三分种，七分养"，需要始终重视园林养护管理工作。园林养护应符合《园林绿化养护标准》（CJJ/T 287—2018）现行行业标准要求。

1.施工要点

1）园林植物栽植后到工程养护期结束移交前，为工程的养护时期，应对各种植物精心养护管理。

2）建立养护制度，编制养护管理计划，责任到人，奖罚分明。

3）应根据树木生物学特征、生长阶段、生态习性、景观功能要求及栽培地区气候特点,选择相应的时期和方法进行养护。

4)专人每天巡视,根据植物习性和墒情及时浇水。

5)加强病虫害监测,控制突发性病虫害发生,特别是草坪虫害。主要病虫害根据其生理学特性及时防治。

2. 质量要点

1)植物应按照乔木类、灌木类、绿篱及色带、藤木类、花卉、水生植物、竹类等划分,各类树木的修剪方法各不相同。

2)对植物应加强支撑、绑扎及裹干措施,做好防强风、干热、洪涝和越冬防寒等工作。

3)花坛、花境应及时清除残花败叶,确保植株生长健壮。

4)小灌木地被应尽早施肥,恢复生长势,以掩盖杂草的生长。

5)绿地应保持整洁;做好维护管理工作,及时清理枯枝、落叶、杂草、垃圾。

6)对生长不良、枯死、损坏、缺株的园林植物应及时更换或补栽,用于更换及补栽的植物材料应和原植株的种类、规格一致。

3. 质量验收

1)强制性条文

园林植物病虫害防治,应采用生物防治方法和生物农药及高效低毒农药,严禁使用剧毒农药。

2)主控项目

(1)结合中耕除草,平整树台。

(2)树木应及时剥芽、去蘖、梳枝整形。草坪应适时进行修剪。

（3）浇灌树木的水质应符合现行国家标准《农田灌溉水质标准》（GB 5084—2021）的规定。

3）一般项目

（1）整形修剪应遵照先整理、后修剪的程序进行。

① 乔木类修剪应符合下列规定：

A. 应先剪除无需保留的枯死枝、徒长枝、病虫枝、交叉枝、并生枝、下垂枝条、扭伤枝、枯枝和残枝。结合冬季修剪清理树枝、树干上的虫茧、虫蛹，剪除腐烂枝、溃疡枝。

B. 孤植树应以疏剪过密枝和短截过长枝为主，造型树应按预定形状逐年进行整形修剪。

C. 行道树同一路段的同一品种树型和分枝点、树冠下缘线高度应保持一致。

D. 针对乔木，对不定芽要及时清除，以保持树木骨架清晰，促使生长形态美观，营养集中。

② 灌木类修剪应符合下列规定：

A. 单株灌木应保持内高外低，自然丰满形态；单一树种灌木丛，应保持内高外低或前低后高形态；多品种的灌木丛，应突出主栽品种并留出生长空间；有造型的灌木丛，应使外形轮廓清晰，外缘枝叶紧密。

B. 短截凸出灌木丛外的徒长枝，应使灌丛保持整齐均衡。下垂细弱枝及地表萌生的地蘖应及时疏除；灌木内膛小枝应疏剪，强壮枝应进行短截。

C. 花落后形成的残花、残果，当无观赏价值时宜尽早剪除。

D. 花灌木修剪除应按以上要求或景观设计要求操作外，

还应根据开花习性进行修剪，并注意保护和培养开花枝条。

③ 绿篱及色带修剪应符合下列规定：

A. 绿篱及色带的修剪应轮廓清晰，线条流畅，基部丰满，高度一致，侧面平齐。

B. 道路交叉口及分车绿化带种的绿篱的修剪高度不得遮挡司机视线。

④ 藤木类修剪应符合下列规定：

A. 攀缘棚架上的藤本，种植促发健壮主蔓后及时牵引，疏剪过密枝，使枝条均匀分布架面。

B. 匍匐地面的藤木定期翻蔓，疏除老弱藤蔓。

C. 钩刺类藤木按灌木修剪方法疏枝，生长势衰弱时，应及时回缩修剪、复壮。

⑤ 花卉修剪的方法应符合下列规定：

A. 一、二年生花卉应根据分枝特性摘心。叶片过密影响开花结果应摘去部分老叶和过密叶。

B. 球根花卉、宿根花卉应根据生长习性和用途进行摘心、除芽。

⑥ 草坪的修剪应符合下列规定：

A. 修剪时，剪掉的部分不应超过叶片自然高度的 1/3。

B. 修剪次数应根据草坪草的种类、养护质量要求、土壤肥力及生长状况确定，进行不定期修剪。

C. 修剪前草坪应保持干爽，阴雨天、病害流行期不宜修剪；修剪前应清除草坪上的石砾、树枝等杂物，以消除隐患。

D. 同一草坪，不应多次在同一行列、同一方向修剪。

E. 草坪不得延伸到其他植物带内。切草边作业，边线应整齐或圆滑，与植物带距离不应大于 0.15m。

⑦ 水生植物修剪应符合下列规定：

A. 生长期阶段应清除水面以上的枯黄部分，应控制水生植物的景观范围，清理超出范围的植株及叶片。

B. 同一水体中混合栽植的，应保持主栽种优势，控制繁殖过快的种类。

C. 浮叶类水生植物应控制水生植物面积与水体面积比例，其覆盖水体的面积不得超过水体总面积的 1/3。

⑧ 竹类的间伐修剪应符合下列规定：

A. 应按照"去老留幼，去弱留强"的原则，根据生长状况和景观要求，于晚秋或早春进行合理间伐或间移。

B. 笋期阶段应及时去除弱笋和超出景观范围的植株。

C. 应将衰弱、已死亡和已开花的竹蔸挖除，挖除后的空隙应及时用富含有机质的熟土填充。应及时清除枯死竹竿和枝条，砍除病株和倒伏竹。

（2）植物灌溉及排水应符合：

① 应根据植物栽培地区气候特点、土壤性质、植株需水等情况，进行灌水和排涝。

② 宜采用节水灌溉设备和措施，并应根据季节与气温调整灌溉量与灌溉时间。

③ 采用喷淋方法淋水，不得冲倒、冲歪植株及冲出树根。乔灌木淋水前宜先给树体洗尘。

④ 用水车浇灌树木时，应接软管，进行缓流浇灌，保证一次浇足浇透，不得使用高压冲灌。

⑤ 应经常检查喷灌或滴灌系统，确保运转正常，喷灌喷水的有效范围应与园林植物的种植范围一致，并应协调好游人、行人关系，定时开关，专人看管。

⑥ 一天中灌溉时间应根据季节与气温决定。夏秋高温

季节，不宜在晴天的中午喷灌或洒灌，宜在 12:00 之前或 16:00 之后避开高温时段进行；冬季气温较低，需灌溉时，宜在 9:00 之后或 16:00 之前进行，并应防止结冰影响行人通行。

⑦ 夏季干燥时，易受日灼的树种应进行叶面和枝干喷雾，必要时可对部分树种进行疏果、疏叶处理，降低蒸腾作用。

⑧ 除地下穴外，浇水树堰高度不应低于 0.1m；树堰应紧实、不跑水、不漏水。树堰内宜选择环保性覆盖物掩盖裸露土地。

⑨ 暴雨后应及时排除树木根部周围的积水。可采用开沟、埋管、打孔等排水措施及时对绿地和树池排涝。

（3）植物施肥应符合：

① 应根据树木生长需要和土壤肥力情况进行施肥。

② 每年宜施肥至少 1 次，春秋两季宜为重点施肥时期。观花木本植物应分别在花芽分化前和花后各施肥 1 次。

③ 应使用卫生、环保、长效的肥料，以有机肥料为主，无机肥料为辅；不宜长期在同一地块施用同一种肥料。

④ 应根据树木种类采用沟施、撒施、穴施、孔施或叶面喷施等施肥方式。沟施、穴施均应少伤地表根，施肥后应进行一次灌溉。撒施应避免将肥料撒在叶片上。叶面喷肥宜在早上 10:00 之前或傍晚进行。

⑤ 应根据肥料种类、施肥方式等确定施肥用量。

（4）植物有害生物防治应符合：

① 应按照"预防为主，科学防控，依法治理，促进健康"的原则，做到安全、经济、及时、有效。

② 加强虫情预测预报，应根据本地区不同树种和不同

生长阶段的主要病虫发生规律,制订长期和年度防治计划,采取生物、化学和物理等方法进行综合防治。

③ 宜采用生物防治手段,保护和利用天敌,推广生物农药。

④ 应及时有效地采取物理防治手段,并及时剪除病虫枝。

⑤ 采用化学防治时,应选择符合环保要求及对有益生物影响小的农药,宜不同药剂交替使用。

⑥ 应及时对因干旱、水涝、冷冻、高温、台风、缺肥等所致生理性病害进行防治。

⑦ 应按照农药操作规程进行作业,喷洒药剂时应避开人流活动高峰期或在傍晚无风的天气进行。

⑧ 水生植物的防治应选用对水生生物和水质影响小的药剂,水源保护区内不得使用农药。

(5) 植物松土除草应符合下列规定:

① 园林植物生长期,应经常进行松土,使表层种植土壤保持疏松,使其具有良好的透水、透气性。

② 松土应在天气晴朗,且土壤不过分潮湿时进行,雨后不宜立即进行。

③ 除杂草应在杂草开花结实前进行,同时不得使目的植物的根系受到伤害或裸露。

④ 使用化学除草剂前,宜进行小面积试验后再全面使用。应根据所栽培园林植物和杂草种类的不同,确定药剂种类、浓度及施用方法。药剂不得喷洒到园林植物的叶片和嫩枝上。

(6) 树木的改植和补植应符合下列规定:

① 发生下列情况时需进行改植或补植:

A. 因植株过密而必须移植。

B. 构筑物或电力等其他设施构成危险的植株的移除。

C. 自然死亡树木的去除或补植。

D. 对生长环境不适或与周围环境不协调树木的去除与改植。

E. 在自然灾害或意外事故发生后及时进行清理、扶正或补植处理。

② 补植时，宜选用与原有种类一致，规格、树形相近的树木。应根据植物的生态习性以及季节特点，安排改植、补植时间。

（7）植物的防护应遵照先整理、后修剪的程序进行。应符合：

① 汛期或台风来临前应对浅根性、树冠庞大、枝叶过密等抗风能力弱的乔木进行加固或修剪，对易积水的绿地及时采取防涝措施。

② 应加强对行道树的日常巡护，及时对出现倒伏、歪斜的树木进行扶正。

③ 寒冷天气，应对易受低温侵害的植物采取搭设风障、主干涂白、裹纸或无纺布加绕草绳、根基部培设土堆等防寒措施。降雪地区重点路段可结合防寒设置围挡。降雪量较大时，应及时清除针叶树和树冠浓密的乔木、灌木、竹类植物上的大量积雪。

④ 高温天气，易受高温危害的树木应避免太阳直射，采取遮阴、缠草绳、喷雾等措施，降低温度预防日灼。

⑤ 应及时清除对树木有害的寄生植物。

⑥ 树体上的孔洞应根据大小、类型等，分类采用引流、碳化、封堵等多种处理方式，封堵填充材料的表面色彩，形

状及质感宜与树干相近。

4. 安全要点

1）作业机械应保养完好，运行正常；修剪工具应坚固耐用。

2）修剪树木前应制定修剪技术方案，包括修剪时间、人员安排、岗前培训、工具准备、施工进度、枝条处理、现场安全等，做到因地制宜，因树修剪，因时修剪。

3）修剪后残留绿篱和地面的枝叶应及时清除。

4）树上作业应对修剪人员进行岗前培训，应一人一树修剪，不得在两株或多株树体间攀爬，截除大枝应有人员指挥操作。

5）在高压线附近作业，应请供电部门配合，并应符合安全距离要求，避免触电。

6）高空机械作业车修剪时，应符合高空作业相关要求。

7）道路绿地浇灌不宜在交通高峰期进行。

8）严格执行禁止使用高毒农药。采用化学农药喷施，应设置安全警示标志，果蔬类喷施农药后应挂警示牌。

9）不得使用国家明令禁止的农药进行有害生物防治。

10）农药使用中注意远离饮用水源，要有专人看管，严防农药丢失或被人、畜误食。施药人员打药时必须戴防毒口罩，穿长袖上衣、长裤和鞋袜。在喷雾操作时应站在上风处，向下风方向喷洒，严禁相向对喷、逆风喷洒。大风和中午高温时应停止喷洒。

第 2 章　园林构、建筑工程

园林构、建筑工程可分为地基与基础工程、主体结构工程、建筑装饰装修工程、建筑屋面工程四个分部工程。

2.1　地基与基础工程

地基与基础分部工程可分为土方开挖、土方回填、砂和砂石地基、强夯地基等分项工程。

2.1.1　土方开挖工程

1. 施工要点

1）土方开挖施工前，应对降水、排水措施进行设计，系统应经检查和试运转，一切正常后方可开始施工。

2）当基坑土方开挖采用无支护结构的放坡开挖时，应做好基坑放坡周边的地面挡水措施，防止地面明水流入基坑。

3）土方开挖应根据施工条件尽可能连续开挖，加快施工进度，缩短基坑暴露时间，开挖前抢险物资必须到位。

2. 质量要点

1）土方开挖前应检查定位放线、排水和降低地下水位系统，合理安排土方运输车的行走路线及弃土场。

2）施工过程中应检查平面位置、水平标高、边坡坡度、压实度、排水、降低地下水位系统，并随时观测周围的环境变化。

3. 质量验收

1) 强制性条文

(1) 土方开挖的顺序、方法必须与设计工况相一致,并遵循"开槽支撑,先撑后挖,分层开挖,严禁超挖"的原则。

(2) 基坑(槽)、管沟土方工程验收必须以确保支护结构安全和周围环境安全为前提。当设计有指标时,以设计要求为依据,如无设计指标时,应按表2-1的规定执行。

表 2-1 基坑变形的监控值 (cm)

基坑类别	围护结构墙顶位移监控值	围护结构墙体最大位移监控值	地面最大沉降监控值
一级基坑	3	5	3
二级基坑	6	8	6
三级基坑	8	10	10

注:1. 符合下列情况之一,为一级基坑:
  1) 重要工程或支护结构做主体结构的一部分;
  2) 开挖深度大于10m;
  3) 与邻近建筑物、重要设施的距离在开挖深度以内的基坑;
  4) 基坑范围内有历史文物、近代优秀建筑、重要管线等需严加保护的基坑。
2. 三级基坑为开挖深度小于7m,且周围环境无特别要求时的基坑。
3. 除一级和三级外的基坑属二级基坑。
4. 当周围已有的设施有特殊要求时,尚应符合这些要求。

2) 主控项目

(1) 土方开挖的标高应符合设计要求。

(2) 基坑(槽)开挖的长度、宽度应符合设计要求。

(3) 边坡坡度应符合设计要求。

3) 一般项目

(1) 土方开挖后,基底的表面平整度应符合规范要求。
(2) 基坑(槽)底的土性应符合设计要求。

4. 安全要求

1) 挖机施工时工作半径范围内不得有人进行其他作业,如多台挖机同时施工,挖机间距应达到 10m 以上,必须逐层放坡,严禁先挖坡脚。

2) 检查基坑临边安全防护栏杆的搭设以及井点降水工作。

3) 挖机操作中进铲不应过深,提斗不应过猛。一次挖土高度一般不能高于 4m,铲斗回转半径内遇到推土机工作时,应停止作业。挖土时要注意土壁的稳定性,发现有裂缝及倾坍可能时,人员要立即离开并及时处理。

4) 开挖出的土方,要严格按照施工组织设计堆放,不得堆于基坑外侧,以免引起地面超载而引起土体位移、板桩位移或支撑破坏。

5) 边坡开挖、支护施工时,一旦边坡土体出现裂缝,应立即修整边坡坡度,卸载或叠置土包护坡,并加强基坑排水工作,采取有效加固措施。

2.1.2 土方回填工程

1. 施工要点

土方回填工程的施工参数如每层填筑厚度、压实遍数及压实系数对重要工程均应做现场试验后确定,或由设计提供。

2. 质量要点

1) 土方回填前应清除基底的垃圾、树根等杂物,抽除坑穴积水、淤泥,验收基底标高。如在耕植土或松土上填方,应在基底压实后再进行。

2）对填方土料应按设计要求验收后方可填入。

3）填方施工过程中应检查排水措施,每层填筑厚度、含水量控制、压实程度、填筑厚度及压实遍数应根据土质、压实系数及所用机具确定。如无试验依据,应符合表2-2的规定。

表2-2 填土施工的分层厚度及压实遍数

压实机具	分层厚度（mm）	每层压实遍数
平碾	250～300	6～8
振动压实机	250～350	3～4
柴油打夯机	200～250	3～4
人工打夯	<200	3～4

4）填方施工结束后,应检查标高、边坡坡度、压实程度等。

3．质量验收

1）强制性条文

严禁采用弹簧土及建筑垃圾作为填方材料。

2）主控项目

（1）土方回填标高应符合规范要求。

（2）分层压实系数应符合设计要求。

3）一般项目

（1）回填土料应符合设计要求。

（2）回填土分层厚度和含水量应符合设计要求。

（3）回填后的表面应平整。

4．安全要点

1）电缆两侧1m范围内应采用人工回填。机械应停在坚实的地基上,如基础过差,应采取走道板等加固措施,挖土机履带不得在与挖空基坑平行的2m区域内停、驶。运土汽车不宜靠近基坑平行行驶,防止塌方翻车。

2）回填土如遇燃气、供电、供水、通信等地下管线时，不准动用机械铲碰撞，不准任意搬运，不准启闭地下管道阀门，加强沉降监测和检查位移、开裂等情况。

3）回填土过程中检查现场垃圾、灌木、石头、废料、草皮等清理工作，做好施工场地排水工作。

2.1.3 砂和砂石地基工程

1. 施工要点

1）原材料宜用中砂、粗砂、砂砾、碎石（卵石）、石屑。细砂应同时掺入25%～35%碎石或卵石。

2）砂和砂石地基每层铺筑厚度及最优含水量可参考表2-3所示数值。

表2-3 砂和砂石地基每层铺筑厚度及最优含水量

序号	压实方法	每层铺筑厚度（mm）	施工时的最优含水量（%）	施工说明	备注
1	平振法	200～250	15～20	用平板式振捣器往复振捣	不宜使用干细砂或含泥量较大的砂所铺筑的砂石地基
2	插振法	振捣器插入深度	饱和	（1）用插入式振捣器 （2）插入点间距可根据机械振幅大小决定 （3）不应插至下卧黏性土层 （4）插入振捣完毕后所留的孔洞，应用砂填实	不宜使用干细砂或含泥量较大的砂所铺筑的砂石地基

续表

序号	压实方法	每层铺筑厚度（mm）	施工时的最优含水量（%）	施工说明	备注
3	水撼法	250	饱和	（1）注水高度应超过每次铺筑面层 （2）用钢叉摇撼捣实，插入点间距为100mm （3）钢叉分四齿，齿的间距80mm，长300mm，木柄长90mm	湿陷性黄土、膨胀土和细砂基层不得使用此法
4	夯实法	150～200	8～12	（1）用木夯或机械夯 （2）木夯重40kg，落距400～500mm （3）一夯压半夯，全面夯实	适用于砂石地基
5	碾压法	250～350	8～12	6～12t 压路机往复碾压	适用于大面积施工的砂和砂石地基

注：在地下水位以下的地基，其最下层的铺筑厚度可比上表增加50mm。

2. 质量要点

1）砂、石等原材料质量、配合比应符合设计要求，砂石应搅拌均匀。

2）施工过程中必须检查分层厚度、分段施工时搭接部分的压实情况、加水量、压实遍数、压实系数。

3）施工结束后，应检验砂石地基的承载力。

3. 质量验收

1）强制性条文

(1) 对砂和砂石地基，其竣工后的结果（地基强度或承载力）必须达到设计要求的标准。检验数量，每单位工程不应少于3点；1000m² 以上工程，每100m² 至少应有1点；3000m² 以上工程，每300m² 至少应有1点。每一独立基础下至少应有1点，基槽每20延长米应有1点。

(2) 对水泥土搅拌桩复合地基、高压喷射注浆桩复合地基、砂桩地基、振冲桩复合地基、土和灰土挤密桩复合地基、水泥粉煤灰碎石桩复合地基及夯实水泥土桩复合地基，其承载力检验数量为总数的 0.5%～1%，但不应少于3处。有单桩强度检验要求时，检验数量为总数的 0.5%～1%，但不应少于3根。

2）主控项目

(1) 地基承载力应符合设计要求。
(2) 砂石料配合比应符合设计要求。
(3) 压实系数应符合设计要求。

3）一般项目

砂和砂石地基的质量验收标准应符合表2-4的规定。

表2-4 砂和砂石地基的质量验收标准

项目	序号	检 查 项 目	允许偏差或允许值	检查方法
一般项目	1	砂石料有机质含量（%）	≤5	焙烧法
	2	砂石料含泥量（%）	≤5	水洗法
	3	石料粒径（mm）	≤100	筛分法
	4	含水量（与最优含水量比较）（%）	±2	烘干法
	5	分层厚度（与设计要求比较）（mm）	±50	水准仪

2.1.4 强夯地基工程

1. 施工要点

1) 为避免强夯振动对周边设施的影响,施工前必须对附近建筑物进行调查,必要时采取相应的防振或隔振措施,影响范围 10~15m。施工时应由邻近建筑物开始夯击,逐渐向远处移动。

2) 如无经验,宜先试夯并取得各类施工参数后,再正式施工。对透水性差、含水量较高的土层,前后两遍夯击应有一定间歇期,一般 2~4 周。夯点超出需加固的范围为加固深度的 1/2~1/3,且不小于 3m。施工时要有排水措施。

3) 质量检验应在夯后一定的间歇期之后进行,一般为 2 周。

2. 质量要点

1) 施工前应检查夯锤质量、尺寸,落距控制手段,排水设施及被夯地基的土质。

2) 施工中应检查落距、夯击遍数、夯点位置、夯击范围。

3) 施工结束后,检查被夯地基的强度并进行承载力检验。

3. 质量验收

1) 强制性条文

对强夯地基,其竣工后的结果(地基强度或承载力)必须达到设计要求的标准。

2) 主控项目

(1) 地基强度应符合设计要求。

(2) 地基承载力应符合设计要求。

3）一般项目

强夯地基质量检验标准应符合表 2-5 的规定。

表 2-5 强夯地基质量检验标准

项目	序号	检查项目	允许偏差或允许值	检查方法
一般项目	1	夯锤落距（mm）	±300	钢索设标志
	2	锤质量（kg）	±100	称重
	3	夯击遍数及顺序符合设计要求	设计要求	计数法
	4	夯点间距（mm）	±500	用钢尺量
	5	夯击范围（超出基础范围距离）	设计要求	用钢尺量
	6	前后两遍间歇时间	设计要求	检查施工记录
	7	场地平整度（mm）	±100	水准测量

2.2 主体结构工程

主体结构工程可分为模板、钢筋、混凝土、现浇结构、砖砌体、方木和原木结构、木结构防护等分项工程。

2.2.1 模板安装工程

1. 施工要点

1）现浇多层房屋和构筑物的模板及其支架安装时，上、下层支架的立柱应对准，以利于混凝土重力及施工荷载的传递，这是保证施工安全和质量的有效措施。

2）隔离剂沾污钢筋和混凝土接槎处可能对混凝土结构受力性能造成明显的不利影响，故应避免。

3）无论是采用何种材料制作的模板，其接缝都应保证不漏浆。木模板浇水湿润有利于接缝闭合而不致漏浆，但因浇水湿润后膨胀，木模板安装时的接缝不宜过于严密。模板内部和与混凝土的接触面应清理干净，以避免夹渣等缺陷。

4）用作模板的地坪、胎模应平整光洁，保证预制构件的成型质量。

5）对跨度较大的现浇混凝土梁、板，考虑到自重的影响，适度起拱有利于保证构件的形状和尺寸。执行时应注意本处的起拱高度未包括设计起拱值，而只考虑模板本身在荷载作用下的下垂，因此对钢模板可取偏小值，对木模板可取偏大值。

6）对预埋件的外露长度，只允许有正偏差，不允许有负偏差；对预留洞内部尺寸，只允许大，不允许小，在允许偏差表中，不允许的偏差都以"0"来表示。

2．质量要点

在浇筑混凝土之前，应对模板工程进行验收。模板安装和浇筑混凝土时，应对模板及其支架进行观察和维护。发生异常情况时，应按施工技术方案及时进行处理。

3．质量验收

1）强制性条文

模板及其支架应根据工程结构形式、荷载大小、地基土类别、施工设备和材料供应等条件进行设计。模板及其支架应具有足够的承载能力、刚度和稳定性，能可靠地承受浇筑混凝土的质量、侧压力以及施工荷载。

2) 主控项目

(1) 安装现浇结构的上层模板及其支架时,下层楼板应具有承受上层荷载的承载能力,或加设支架;上、下层支架的立柱应对准,并铺设垫板。

(2) 在涂刷模板隔离剂时,不得沾污钢筋和混凝土接槎处。

3) 一般项目

(1) 模板安装应满足下列要求:

① 模板的接缝不应漏浆;在浇筑混凝土前,木模板应浇水湿润,但模板内不应有积水。

② 模板与混凝土的接触面应清理干净并涂刷隔离剂,但不得采用影响结构性能或妨碍装饰工程施工的隔离剂。

③ 浇筑混凝土前,模板内的杂物应清理干净。

④ 对清水混凝土工程及装饰混凝土工程,应使用能达到设计效果的模板。

(2) 用作模板的地坪、胎模等应平整光洁,不得产生影响构件质量的下沉、裂缝、起砂或起鼓。

(3) 对跨度不小于 4m 的现浇钢筋混凝土梁、板,其模板应按设计要求起拱;当设计无具体要求时,起拱高度宜为跨度的 $1/1000 \sim 3/1000$。

(4) 固定在模板上的预埋件、预留孔和预留洞均不得遗漏,且应安装牢固,其偏差应符合规范规定。

(5) 现浇结构模板安装的偏差应符合规范规定。

(6) 构件模板安装的偏差应符合规范规定。

4. 安全要点

1) 模板及其支架在安装过程中,必须设置防倾覆的临时固定设施。竖向支架结构的立面或平面均应安装牢固,并能抵抗振动或偶然撞击。

2）模板支架的地基与基础处理措施应满足设计计算要求，并应清除搭设场地杂物，确保排水畅通。当模板支架设在楼板、挑台等结构上部时，应对该结构承载力进行验算。立杆下宜设置底座或垫板，并应准确地放置在定位线上。

3）模板支架搭设及使用过程中，旁边基础开挖可能对其产生影响时，必须采取步步紧、螺杆等加固措施。模板支架不得与脚手架、操作架等混搭。严禁在模板支撑架上固定、架设混凝土泵、泵管及起重设备等。

2.2.2 模板拆除工程

1. 施工要点

1）由于过早拆模，混凝土强度不足而造成混凝土结构构件沉降变形、缺棱掉角、开裂甚至塌陷的情况时有发生。为保证结构的安全和使用功能，提出了拆模时对混凝土强度的要求。该强度通常反映为同条件混凝土试件的强度。考虑到悬臂构件更容易因混凝土强度不足而引发事故，对拆模时的混凝土强度应从严要求。

2）对后张法预应力施工，模板及其支架的拆除时间和顺序应根据施工方式的特点和需要事先在施工技术方案中确定。当施工技术方案中无明确规定时，不应在结构构件建立预应力前拆除。

3）由于施工方式的不同，后浇带模板的拆除及支顶方法也各有不同，但都应能保证结构的安全和质量。由于后浇带较易出现安全和质量问题，故施工技术方案应对此作出明确的规定。

2. 质量要点

1）拆除侧模时，混凝土强度不足可能造成结构构件缺棱掉角和表面损伤,故应避免。

2)拆模时,质量较大的模板倾砸楼面或模板及支架集中堆放可能造成楼板或其他构件的裂缝等损伤,故应避免。

3. 质量验收

1)强制性条文

模板及其支架拆除的顺序及安全措施应按施工技术方案执行。

2)主控项目

(1)底模及其支架拆除时的混凝土强度应符合设计要求;当设计无具体要求时,混凝土强度应符合表2-6的规定。

表2-6 混凝土强度要求

构件类型	构件跨度(m)	达到设计的混凝土立方体抗压强度标准值的百分率(%)
板	≤2	≥50
	>2,≤8	≥75
	>8	≥100
梁、拱、壳	≤8	≥75
	>8	≥100
悬臂构件	—	≥100

(2)对后张法预应力混凝土结构构件,侧模宜在预应力张拉前拆除;底模支架的拆除应按施工技术方案执行,当无具体要求时,不应在结构构件建立预应力前拆除。

(3)后浇带模板的拆除和支顶应按施工技术方案

执行。

3) 一般项目

（1）侧模拆除时的混凝土强度应能保证其表面及棱角不受损伤。

（2）模板拆除时，不应对楼层形成冲击荷载。拆除的模板和支架宜分散堆放并及时清运。

4. 安全要点

1) 模板拆除应按照施工组织设计或专项方案的规定进行，拆除前应对操作人员进行安全技术交底。

2) 非承重模板应在混凝土强度达到 1.2MPa 以上，并能保证混凝土表面及棱角不受损伤时方可拆除。底模及支架拆除应满足上层荷载及混凝土强度的要求。混凝土强度应符合设计要求。分段拆除的高差不应大于两步。

3) 拆除时应设置临时警戒线并派专人监护；拆除材料的垂直运输必须采用起重吊装设备，严禁抛掷及人工上下传递。拆除作业必须由上而下逐步进行，严禁上下同时进行。拆除的模板、扣件、钢管等材料集中堆放。

2.2.3 钢筋（原材料）

1. 施工要点

1) 在钢筋分项工程施工过程中，若发现钢筋功能异常，应立即停止使用，并对同批钢筋进行专项检验。

2) 为了加强对钢筋外观质量的控制，钢筋进场时和使用前均应对其外观质量进行检查。弯折钢筋不得敲直后作为受力钢筋使用。钢筋表面不应有颗粒状或片状老锈，以免影响钢筋强度和锚固性能。

2. 质量要点

1) 钢筋进场时，应按现行国家标准《钢筋混凝土用钢

第 2 部分：热轧带肋钢筋》（GB/T 1499.2—2018）等的规定抽取试件作力学性能检验，其质量必须符合有关标准的规定。

2）对有抗震设防要求的框架结构，其纵向受力钢筋的强度应满足设计要求；当设计无具体要求时，对一、二级抗震等级，检验所得的强度实测值应符合下列规定：

（1）钢筋的抗拉强度实测值与屈服强度实测值的比值不应小于 1.25。

（2）钢筋的屈服强度实测值与强度标准值的比值不应大于 1.3。

3. 质量验收

1）强制性条文

（1）钢筋进场时，应按国家现行相关标准的规定抽取试件作屈服强度、抗拉强度、伸长率、弯曲性能和重量偏差检验，检验结果应符合相应标准的规定。

（2）对按一、二、三级抗震等级设计的框架和斜撑构件（含梯段）中的纵向受力普通钢筋应采用 HRB335E、HRB400E、HRB500E、HRBF335E、HRBF400E 或 HRBF500E 钢筋，其强度和最大力下总伸长率的实测值应符合《混凝土结构工程施工质量验收规范》（GB 50204—2015）第 5.2.3 条的规定。

（3）当钢筋的品种、级别或规格需作变更时，应办理设计变更文件。

2）主控项目

（1）钢筋原材料应检查其产品合格证及出厂检验报告，并按规定抽样检测。

（2）有抗震设防要求框架结构的纵向受力钢筋的强度应

满足设计要求。

（3）当发现钢筋脆断、焊接性能不良或力学性能显著不正常等现象时，应对该批钢筋进行化学成分检验或其他专项检验。

3）一般项目

（1）钢筋应平直、无损伤，表面不得有裂纹、油污、颗粒状或片状老锈。

（2）成型钢筋的外观质量和尺寸偏差应符合国家现行有关标准的规定。

（3）钢筋机械连接套筒、钢筋锚固以及预埋件等的外观质量应符合国家现行有关标准的规定。

2.2.4 钢筋加工工程

1. 施工要点

1）对各种级别普通钢筋弯钩、弯折和箍筋的弯弧内直径、弯折角度、弯后平直部分长度的要求。受力钢筋弯钩、弯折的形状和尺寸，对于保证钢筋与混凝土协同受力非常重要。根据构件受力性能的不同要求，合理配置箍筋有利于保证混凝土构件的承载力，特别是对配筋率较高的柱、受扭的梁和有抗震设防要求的结构构件更为重要。

2）盘条供应的钢筋使用前需要调直。调直宜优先采用机械方法，以有效控制调直钢筋的质量；也可采用冷拉方法，但应控制冷拉伸长率，以免影响钢筋的力学性能。

3）钢筋加工形状、尺寸偏差的要求。其中，箍筋内净尺寸是新增项目，其对保证受力钢筋和箍筋本身的受力性能都较为重要。

2. 质量要点

1）受力钢筋的弯钩和弯折应符合下列规定：

（1）HPB300级钢筋末端应作180°弯钩，其弯弧内直径不应小于钢筋直径的2.5倍，弯钩的弯后平直部分长度不应小于钢筋直径的3倍。

（2）当设计要求钢筋末端需作135°弯钩时，HRB335级、HRB400级钢筋的弯弧内直径不应小于钢筋直径的4倍，弯钩的弯后平直部分长度应符合设计要求。

（3）钢筋作不大于90°的弯折时，弯折处的弯弧内直径不应小于钢筋直径的5倍。

2）除焊接封闭环式箍筋外，箍筋的末端应作弯钩，弯钩形式应符合设计要求；当设计无具体要求时，应符合下列规定：

（1）箍筋弯钩的弯弧内直径除应满足《混凝土结构工程施工质量验收规范》（GB 50204—2015）第5.3.1条的规定外，尚应不小于受力钢筋直径。

（2）箍筋弯钩的弯折角度：对一般结构，不应小于90°；对有抗震等要求的结构，应为135°。

（3）箍筋弯后平直部分长度：对一般结构，不宜小于箍筋直径的5倍；对有抗震等要求的结构，不应小于箍筋直径的10倍。

3）钢筋调直宜采用机械方法，也可采用冷拉方法。当采用冷拉方法调直钢筋时，HPB300级钢筋的冷拉率不宜大于4%，HRB335级、HRB400级和RRB400级钢筋的冷拉率不宜大于1%。

3. 质量验收

1）强制性条文

当钢筋的品种、级别或规格需作变更时,应办理设计变更文件。

2) 主控项目

(1) 受力钢筋的弯钩和弯折应符合规范规定。

(2) 除焊接封闭环式箍筋外,箍筋的末端应作弯钩,弯钩形式应符合设计要求;当设计无具体要求时,应符合规范规定。

3) 一般项目

(1) 钢筋的调直应符合规范规定。

(2) 钢筋加工的形状、尺寸应符合设计要求,其偏差应符合表2-7的规定。

表 2-7 钢筋加工的允许偏差

项　　　目	允许偏差(mm)
受力钢筋顺长度方向全长的净尺寸	±10
弯起钢筋的弯折位置	±20
箍筋内净尺寸	±5

4. 安全要点

1) 进入施工现场必须佩戴安全帽,严禁穿拖鞋。

2) 各种钢筋加工机械工作前,应检查电源线是否有缺陷和漏电,机械运转是否正常,机械是否安装了漏电保护开关,二级漏电保护要求"一机、一闸、一漏、一箱"安全使用,机械不准带病运转。

3) 对特殊工种严把持证上岗制度,严禁无证操作各种钢筋加工机械。

2.2.5 钢筋连接工程

1. 施工要点

1）纵向受力钢筋连接方式是保证受力钢筋应力传递及结构构件的受力性能所必需的，钢筋的连接方式有多种，应按设计要求采用。

2）钢筋机械连接和焊接符合国家现行标准对其应用、质量验收的规定。对钢筋机械连接和焊接，除应按相应规定进行型式、工艺检验外，还应从结构中抽取试件进行力学性能检验。

3）受力钢筋的连接接头宜设置在受力较小处，同一钢筋在同一受力区段内不宜多次连接，以保证钢筋的承载、传力性能。

4）施工现场机械连接接头和焊接接头的外观质量应符合有关规程规定。

2．质量要点

1）受力钢筋机械连接或焊接接头位置宜相互错开。

2）为了保证受力钢筋绑扎搭接接头的传力性能，绑扎搭接接头按规范要求相互错开。接头中钢筋的横向净距不应小于钢筋直径，且不应小于25mm。

3．质量验收

1）强制性条文

当钢筋的品种、级别或规格需作变更时，应办理设计变更文件。

2）主控项目

（1）纵向受力钢筋的连接方式应符合设计要求。

（2）钢筋采用机械连接或焊接连接时，钢筋机械连接接头，焊接接头的力学性能，弯曲性能应符合国家现行有关标准的规定。接头试件应从工程实体中截取。

（3）钢筋采用机械连接时，螺纹接头应检验拧紧扭矩值，挤压接头应量测压痕直径，检验结构应符合现行行业标准《钢筋机械连接技术规程》（JCJ 107—2016）的相关规定。

3）一般项目

（1）钢筋接头的位置应符合设计和施工方案要求。有抗震设计要求的结构中，梁端、柱端箍筋加密区范围内不应进行钢筋搭接。接头末端至钢筋弯起点的距离不应小于钢筋直径的 10 倍。

（2）钢筋机械连接接头、焊接接头的外观质量应符合现行行业标准的规定。

（3）当纵向受力钢筋采用机械连接接头或焊接接头时，同一连接区段内纵向受力钢筋的接头面积百分率应符合设计要求；当设计无具体要求时，应符合《混凝土结构工程施工质量验收规范》（GB 50204—2015）第 5.4.6 条的规定。

（4）当纵向受力钢筋采用绑扎搭接接头时，接头的设置应符合《混凝土结构工程施工质量验收规范》（GB 50204—2015）第 5.4.7 条的规定。

（5）梁、柱类构件的纵向受力钢筋搭接长度范围内箍筋的设置应符合设计要求；当设计无具体要求时，应符合规范规定。

2.2.6 钢筋安装工程

1. 施工要点

1）梁、板类构件上部纵向受力钢筋的位置对结构构件的承载能力的抗裂性能有重要影响。由于上部纵向受力钢筋移位而引发的事故通常较为严重，应加以避免。

2）钢筋保护层按设计及规范要求允许值，安置钢筋保护层垫片。

2. 质量要点

在浇筑混凝土之前,应进行钢筋隐蔽工程验收,其内容包括:

1) 纵向受力钢筋的品种、规格、数量、位置等。

2) 钢筋的连接方式、接头位置、接头数量、接头面积百分率等。

3) 箍筋、横向钢筋的品种、规格、数量、间距等。

4) 预埋件的规格、数量、位置等。

3. 质量验收

1) 强制性条文

钢筋安装时,受力钢筋的牌号、规格和数量必须符合设计要求。

2) 主控项目

钢筋应安装牢固。受力钢筋的安装位置、锚固方式应符合设计要求。

3) 一般项目

钢筋安装允许偏差及检验方法应符合表 2-8 的规定。

表 2-8　钢筋安装允许偏差和检验方法

项　目		允许偏差（mm）	检验方法
绑扎钢筋网	长、宽	±10	钢尺检查
	网眼尺寸	±20	钢尺量连续三档,取最大值
绑扎钢筋骨架	长	±10	钢尺检查
	宽、高	±5	钢尺检查

续表

项　目			允许偏差（mm）	检验方法
受力钢筋	间　距		±10	钢尺量两端、中间各一点，取最大值
	排　距		±5	
	混凝土保护层厚度	基础	±10	钢尺检查
		柱、梁	±5	钢尺检查
		板、墙、壳	±3	钢尺检查
绑扎箍筋、横向钢筋间距			±20	钢尺量连续三档，取最大值
钢筋弯起点位置			20	钢尺检查
预埋件	中心线位置		5	钢尺检查
	水平高差		+3, 0	钢尺和塞尺检查

2.2.7 混凝土（原材料）

1. 施工要点

1）水泥进场时，应根据产品合格证检查其品种、级别等，并有序存放，以免造成混料错批。强度、安定性等是水泥的重要性能指标，进场时应作复验，其质量应符合现行国家标准《通用硅酸盐水泥》（GB 175—2007）等的要求。水泥是混凝土的重要组成部分，若其中含有氯化物，可能引起混凝土结构中钢筋的锈蚀，故应严格控制。

2）混凝土外加剂种类较多，且均有相应的质量标准，使用时其质量及应用技术应符合国家现行标准《混凝土外加剂》（GB 8076—2008）、《混凝土外加剂应用技术规范》（GB 50119—2013）、《喷射混凝土用速凝剂》（JC 477—2005）、《砂浆、混凝土防水剂》（JC 474—2008）、《混凝土防冻剂》

(JC 475—2004)、《混凝土膨胀剂》(GB/T 23439—2017)等的规定。外加剂的检验项目、方法和批量应符合相应标准的规定。若外加剂中含有氯化物，同样可能引起混凝土结构中钢筋的锈蚀，故应严格控制。

3) 混凝土中氯化物、碱的总含量过高，可能引起钢筋锈蚀和碱-集料反应，严重影响结构构件受力性能和耐久性。现行国家标准《混凝土结构设计规范（2015年版）》(GB 50010—2010) 中对此有明确规定，应遵照执行。

4) 考虑到今后生产中利用工业处理水的发展趋势，除采用饮用水外，也可采用其他水源，但其质量应符合国家现行标准《混凝土用水标准》(JGJ 63—2006) 的要求。

2. 质量要点

混凝土中的原材料必须有相关的产品合格证，并根据相关规范要求进行复验。

3. 质量验收

1) 强制性条文

(1) 水泥进场时应对其品种、级别、包装或散装仓号、出厂日期等进行检查，并应对其强度、安定性及其他必要的性能指标进行复验，其质量必须符合现行国家标准《通用硅酸盐水泥》(GB 175—2007) 等的规定。

(2) 当在使用中对水泥质量有怀疑或水泥出厂超过三个月（快硬硅酸盐水泥超过一个月）时，应进行复验，并按复验结果使用。

(3) 钢筋混凝土结构、预应力混凝土结构中，严禁使用含氯化物水泥。

2) 主控项目

混凝土中掺用外加剂的质量及应用技术应符合现行国家

行业标准规定。

3）一般项目

（1）混凝土中掺用矿物掺合料的质量应符合现行国家标准《用于水泥和混凝土中的粉煤灰》（GB/T 1596—2017）等的规定。矿物掺合料的掺量应通过试验确定。

（2）普通混凝土所用的粗、细集料的质量应符合国家现行标准《普通混凝土用砂、石质量及检验方法标准》（JGJ 52—2006）的规定。

（3）拌制混凝土宜采用饮用水；当采用其他水源时，水质应符合现行国家标准《混凝土用水标准》（JGJ 63—2006）的规定。

2.2.8 混凝土（配合比设计）

1. 施工要点

1）混凝土应根据实际采用的原材料进行配合比设计，并按《普通混凝土拌合物性能试验方法标准》（GB/T 50080—2016）等进行试验、试配，以满足混凝土强度、耐久性和工作性（坍落度等）的要求，不得采用经验配合比。同时，应符合经济、合理的原则。

2）实际生产时，对首次使用的混凝土配合比应进行开盘鉴定，并至少留置一组 28d 标准养护试件，以验证混凝土的实际质量与设计要求的一致性。施工单位应注意积累相关资料，以利于提高配合比设计水平。

3）混凝土生产时，砂、石的实际含水率可能与配合比设计时存在差异，故规定应测定实际含水率并相应地调整材料用量。

2. 质量要点

混凝土配合比需由相应资质的试验室进行设计。

3. 质量验收

1) 主控项目

(1) 预拌混凝土进场时,其质量应符合现行国家标准《预拌混凝土》(GB/T 14902—2012)。

(2) 混凝土拌合物不应离析。

(3) 混凝土中氯离子含量和碱总含量应符合现行国家标准的规定和设计要求。

(4) 首次使用的混凝土配合比应进行开盘鉴定,其原材料、强度、凝结时间、稠度等应满足设计配合比的要求。

2) 一般项目

(1) 混凝土配合比应满足施工方案的要求。

(2) 混凝土有耐久性指标要求时,应在施工现场随机抽取试件进行耐久性检验,其检验结果应符合国家现行有关标准的规定和设计要地求。

(3) 混凝土有抗冻要求时间,应在施工现场进行混凝土含气量检验,其检验结果应符合国家现行有关标准的规定和设计要求。

2.2.9 混凝土(施工)

1. 施工要点

1) 针对不同的混凝土生产量,规定了用于检查结构构件混凝土强度试件的取样与留置要求。同条件养护试件的留置组数除应考虑用于确定施工期间结构构件的混凝土强度外,还应根据相关规范规定,考虑用于结构实体混凝土强度的检验。

2) 由于相同配合比的抗渗混凝土因施工造成的差异不大,故规定了对有抗渗要求的混凝土结构应按同一工程、同一配合比取样不少于一次。由于影响试验结果的因素较多,需要时可多留置几组试件。抗渗试验应符合现行国家标准《普通混凝土长期性能和耐久性能试验方法标准》(GB/T 50082—2009)的规定。

3)提出了对混凝土原材料计量偏差的要求。各种衡器应定期校验,以保证计量准确。生产过程中应定期测定集料的含水率,当遇雨天施工或其他原因致使含水率发生显著变化时,应增加测定次数,以便及时调整用水量和集料用量,使其符合设计配合比的要求。

4)混凝土的初凝时间与水泥品种、凝结条件、掺用外加剂的品种和数量等因素有关,应由试验确定。当施工环境气温较高时,还应考虑气温对混凝土初凝时间的影响。规定混凝土应连续浇筑并在底层初凝之前将上一层浇筑完毕,主要是为了防止扰动已初凝的混凝土而出现质量缺陷。当因停电等意外原因造成底层混凝土已初凝时,则应在继续浇筑混凝土之前,按照施工技术方案对混凝土接槎的要求进行处理,使新旧混凝土结合紧密,保证混凝土结构的整体性。

5)混凝土施工缝不应随意留置,其位置应事先在施工技术方案中确定。确定施工缝位置的原则为:尽可能留置在受剪力较小的部位;留置部位应便于施工。承受动力作用的设备基础,原则上不应留置施工缝;当必须留置时,应符合设计要求并按施工技术方案执行。

6)混凝土后浇带对避免混凝土结构的温度收缩裂缝等有较大作用。混凝土后浇带位置应按设计要求留置,后浇带混凝土的浇筑时间、处理方法等也应事先在施工技术方案中确定。

7)养护条件对于混凝土强度的增长有重要影响。在施工过程中，应根据原材料、配合比、浇筑部位和季节等具体情况，制定合理的施工技术方案，采取有效的养护措施，保证混凝土强度正常增长。

2. 质量要点

1）结构构件的混凝土强度应按现行国家标准《混凝土强度检验评定标准》（GB/T 50107—2010）的规定分批检验评定。

2）检验评定混凝土强度用的混凝土试件的尺寸及强度的尺寸换算系数应按表 2-9 取用；其标准成型方法、标准养护条件及强度试验方法应符合《混凝土物理力学性能试验方法标准》（GB/T 50081—2019）的规定。

表 2-9 混凝土试件尺寸与强度尺寸换算系数

集料最大粒径（mm）	试件尺寸（mm）	强度的尺寸换算系数
≤31.5	100×100×100	0.95
≤40	150×150×150	1.00
≤63	200×200×200	1.05

3）结构构件拆模、出池、出厂、吊装、张拉、放张及施工期间临时负荷时的混凝土强度，应根据同条件养护的标准尺寸试件的混凝土强度确定。

4）当混凝土试件强度评定不合格时，可采用非破损或局部破损的检测方法，按现行国家有关标准的规定对结构构件中的混凝土强度进行推定，并作为处理的依据。

5）混凝土的冬期施工应符合现行国家标准《建筑工程冬期施工规程》（JGJ/T 104—2011）和施工技术方案的规定。

3. 质量验收

1) 强制性条文

结构混凝土的强度等级必须符合设计要求。用于检查结构构件混凝土强度的试件,应在混凝土的浇筑地点随机抽取。

2) 主控项目

(1) 对有抗渗要求的混凝土结构,其混凝土试件应在浇筑地点随机取样。同一工程、同一配合比的混凝土,取样不应少于一次,留置组数可根据实际需要确定。

(2) 混凝土原材料每盘称量的偏差应符合表 2-10 的规定。

表 2-10 混凝土原材料每盘称量偏差

材料名称	允许偏差
水泥、掺合料	±2%
粗、细集料	±3%
水、外加剂	±2%

(3) 混凝土运输、浇筑及间歇的全部时间不应超过混凝土的初凝时间。同一施工段的混凝土应连续浇筑,并应在底层混凝土初凝之前将上一层混凝土浇筑完毕。

当底层混凝土初凝后浇筑上一层混凝土时,应按施工技术方案中对施工缝的要求进行处理。

3) 一般项目

(1) 施工缝的位置应在混凝土浇筑前按设计要求和施工技术方案确定。施工缝的处理应按施工技术方案执行。

(2) 后浇带的留置位置应按设计要求和施工技术方案确

定。后浇带混凝土浇筑应按施工技术方案进行。

（3）混凝土浇筑完毕后，应按施工技术方案及时采取有效的养护措施，并应符合下列规定：

① 应在浇筑完毕后的 12h 以内对混凝土加以覆盖并保湿养护。

② 混凝土浇水养护的时间：对采用硅酸盐水泥、普通硅酸盐水泥或矿渣硅酸盐水泥拌制的混凝土，不得少于 7d；对掺用缓凝型外加剂或有抗渗要求的混凝土，不得少于 14d。

③ 浇水次数应能保持混凝土处于湿润状态；混凝土养护用水应与拌制用水相同。

④ 采用塑料布覆盖养护的混凝土，其敞露的全部表面应覆盖严密，并应保持塑料布内有凝结水。

⑤ 混凝土强度达到 $1.2N/mm^2$ 前，不得在其上踩踏或安装模板及支架。

注：

① 当日平均气温低于 5℃时，不得浇水。

② 当采用其他品种水泥时，混凝土的养护时间应根据所采用水泥的技术性能确定。

③ 混凝土表面不便浇水或使用塑料布时，宜涂刷养护剂。

④ 对大体积混凝土的养护，应根据气候条件按施工技术方案采取控温措施。

4. 安全要点

1）混凝土泵送设备放置应离基坑边缘保持一定距离，在布料杆动作范围内无障碍物和高压线。

2）浇筑离地 2m 以上的框架、过梁、雨篷和小平台时，应设操作平台，不得直接站在模板或支撑件上操作。

3）浇筑拱形结构，应自两边拱脚对称地相向进行。浇筑储仓，下口应先行封闭，并搭设脚手架以防人员坠落。

4) 特殊情况下如无可靠的安全措施，必须系好安全带并扣好保险扣，或架设安全网。

2.2.10 现浇结构（外观质量）

1. 施工要点

1) 外观质量的严重缺陷通常会影响到结构性能、使用功能或耐久性。对已经出现的严重缺陷，应由施工单位根据缺陷的具体情况提出技术处理方案，经监理（建设）单位认可后进行处理，并重新验收。

2) 外观质量的一般缺陷通常不会影响到结构性能、使用功能，但有碍观瞻。故对已经出现的一般缺陷，也应及时处理，并重新检查验收。

2. 质量要点

现浇结构的外观质量缺陷，应由监理（建设）单位、施工单位等各方根据其对结构性能和使用功能影响的严重程度，按表 2-11 确定。

表 2-11 外观质量缺陷对结构性能和使用功能影响程度

名称	现象	严重缺陷	一般缺陷
露筋	构件内钢筋未被混凝土包裹而外露	纵向受力钢筋有露筋	其他钢筋有少量露筋
蜂窝	混凝土表面缺少水泥砂浆而形成石子外露	构件主要受力部位有蜂窝	其他部位有少量蜂窝
孔洞	混凝土中孔穴深度和长度均超过保护层厚度	构件主要受力部位有孔洞	其他部位有少量孔洞

续表

名称	现象	严重缺陷	一般缺陷
夹渣	混凝土中夹有杂物且深度超过保护层厚度	构件主要受力部位有夹渣	其他部位有少量夹渣
疏松	混凝土中局部不密实	构件主要受力部位有疏松	其他部位有少量疏松
裂缝	缝隙从混凝土表面延伸至混凝土内部	构件主要受力部位有影响结构性能或使用功能的裂缝	其他部位有少量不影响结构性能或使用功能的裂缝
连接部位缺陷	构件连接处混凝土缺陷及连接钢筋、连接件松动	连接部位有影响结构传力性能的缺陷	连接部位有基本不影响结构传力性能的缺陷
外形缺陷	缺棱掉角、棱角不直、翘曲不平、飞边凸肋等	清水混凝土构件有影响使用功能或装饰效果的外形缺陷	其他混凝土构件有不影响使用功能的外形缺陷
外表缺陷	构件表面麻面、掉皮、起砂、沾污等	具有重要装饰效果的清水混凝土构件有外表缺陷	其他混凝土构件有不影响使用功能的外表缺陷

3. 质量验收

1) 主控项目

现浇结构的外观质量不应有严重缺陷。对已经出现的严重缺陷，应由施工单位提出技术处理方案，并经监理（建设）单位认可后进行处理。对经处理的部位，应重新检查验收。

2) 一般项目

现浇结构的外观质量不宜有一般缺陷。对已经出现的一般缺陷，应由施工单位按技术处理方案进行处理，并重新检查验收。

2.2.11 现浇结构（尺寸偏差）

1. 质量要点

现浇结构拆模后，应由监理（建设）单位、施工单位对外观质量和尺寸偏差进行检查，做出记录，共同确定尺寸偏差对结构性能和安全使用功能影响程度，并应及时按施工技术方案对缺陷进行处理。

2. 质量验收

1) 主控项目

现浇结构不应有影响结构性能和使用功能的尺寸偏差；混凝土设备基础不应有影响结构性能或设备安装的尺寸偏差。

2) 一般项目

现浇结构拆模后的尺寸偏差应符合表 2-12 的规定。

2.2.12 砖砌体工程

1. 施工要点

1) 用于清水墙、柱表面的砖，应边角整齐、色泽均匀。

2) 有冻胀环境和条件的地区，地面以下或防潮层以下的砌体，不宜采用多孔砖。

表 2-12 现浇结构拆模后尺寸偏差

项目		允许偏差（mm）	检验方法
轴线位置	基础	15	钢尺检查
	独立基础	10	
	墙、柱、梁	8	
	剪力墙	5	
垂直度	层高 ≤5m	8	经纬仪或吊线、钢尺检查
	层高 <5m	10	经纬仪或吊线、钢尺检查
	全高（H）	$H/1000$ 且≤30	经纬仪、钢尺检查
标高	层高	±10	水准仪或拉线、钢尺检查
	全高	±30	
截面尺寸		+8，−5	钢尺检查
电梯井	井筒长、宽对定位中心线	+25，0	钢尺检查
	井筒全高（H）垂直度	$H/1000$ 且≤30	经纬仪、钢尺检查
表面平整度		8	2m靠尺和塞尺检查
预埋设施中心线位置	预埋件	10	钢尺检查
	预埋螺栓	5	
	预埋管	5	
预留洞中心线位置		15	钢尺检查

3）砌筑砖砌体时，砖应提前1~2d浇水湿润。

4）砌砖工程当采用铺浆法砌筑时，铺浆长度不得超过750mm；施工期间气温超过30℃时，铺浆长度不得超过500mm。

5）240mm厚承重墙的每层墙的最上一皮砖，砖砌体的阶台水平面上及挑出层，应整砖丁砌。

2. 质量要点

1）砖砌平拱过梁的灰缝应砌成楔形缝。灰缝的宽度，在过梁的底面不应小于5mm；在过梁的顶面不应大于15mm；拱脚下面应伸入墙内不小于20mm，拱底应有1%的起拱。

2）砖过梁底部的模板及其支架拆除时，应在灰缝砂浆强度不应低于设计强度的75%时，方可拆除。

3）多孔砖的孔洞应垂直于受压面砌筑。

4）施工时施砌的蒸压（养）砖的产品龄期不应小于28d。

5）竖向灰缝不得出现透明缝、瞎缝和假缝。

6）砖砌体施工临时间断处补砌时，必须将接槎处表面清理干净，浇水湿润，并填实砂浆，保持灰缝平直。

3. 质量验收

1）强制性条文

（1）水泥进场使用前，应分批对其强度、安定性进行复验。检验批应以同一生产厂家、同一编号为一批。当在使用中对水泥质量有怀疑或水泥出厂超过3个月（快硬硅酸盐水泥超过1个月）时，应复查试验，并按其结果使用。不同品种的水泥，不得混合使用。

（2）凡在砂浆中掺入有机塑化剂、早强剂、缓凝剂、防冻剂等，应经检验和试配符合要求后，方可使用。有机塑化剂应有砌体强度的型式检验报告。

（3）砖和砂浆的强度等级必须符合设计要求。

（4）砖砌体的转角处和交接处应同时砌筑，严禁无可靠措施的内外墙分砌施工。对不能同时砌筑而又必须留置的临时间断处应砌成斜槎，斜槎水平投影长度不应小于高度的 2/3。

2）主控项目

（1）砌体水平灰缝的砂浆饱满度不得小于 80%。

（2）非抗震设防及抗震设防烈度为 6 度、7 度地区的临时间断处，当不能留斜槎时，除转角处外，可留直槎，但直槎必须做成凸槎。留直槎处应加设拉结钢筋，拉结钢筋的数量为每 120mm 墙厚放置 1φ6 拉结钢筋（120mm 厚墙放置 2φ6 拉结钢筋），间距沿墙高不应超过 500mm；埋入长度从留槎处算起每边均不应小于 500mm，对抗震设防烈度 6 度、7 度的地区，不应小于 1000mm；末端应有 90°弯钩。

（3）砖砌体的位置及垂直度允许偏差应符合表 2-13 的规定。

表 2-13 砖砌体的位置及垂直度允许偏差

项次	项目			允许偏差（mm）	检验方法
1	轴线位置偏移			10	用经纬仪和尺检查或用其他测量仪器检查
2	垂直度	每层		5	用 2m 托线板检查
		全高	≤10m	10	用经纬仪、吊线和尺检查，或用其他测量仪器检查
			>10m	20	

3) 一般项目

(1) 砖砌体的组砌方法应正确,上下错缝,内外搭砌,砖柱不得采用包心砌法。

(2) 砖砌体的灰缝应横平竖直,厚薄均匀。水平灰缝厚度宜为10mm,但不应小于8mm,也不应大于12mm。

(3) 砖砌体的一般尺寸允许偏差应符合规范规定。

2.2.13 石砌体工程

1. 施工要点

1) 石砌体采用的石材应质地坚实,无风化剥落和裂纹。用于清水墙、柱表面的石材,尚应色泽均匀。

2) 石材表面的泥垢、水锈等杂质,砌筑前应清除干净。

3) 石砌体的灰缝厚度:毛料石和粗料石砌体不宜大于20mm;细料石砌体不宜大于5mm。

4) 砂浆初凝后,如移动已砌筑的石块,应将原砂浆清理干净,重新铺浆砌筑。

5) 砌筑毛石基础的第一皮石块应坐浆,并将大面向下;砌筑料石基础的第一皮石块应用丁砌层坐浆砌筑。

2. 质量要点

1) 毛石砌体的第一皮砖及转角处、交接处和洞口处,应用较大的平毛石砌筑。每个楼层(包括基础)砌体的最上一皮,宜选用较大的毛石砌筑。

2) 砌筑毛石挡土墙应符合下列规定:

(1) 每砌3~4皮为一个分层高度,每个分层高度应找平一次。

(2) 外露面的灰缝厚度不得大于40mm,两个分层高度间分层处的错缝不得小于80mm。

(3) 料石挡土墙,当中间部分用毛石砌时,丁砌料石伸入毛石部分的长度不应小于 20mm。

（4）挡土墙内侧回填土必须分层夯实，分层松土厚度应为 300mm。墙顶土面应有适当坡度，使流水流向挡土墙外侧面。

3．质量验收

1）强制性条文

（1）水泥、砂浆按 2.2.12 中的规定执行。

（2）挡土墙的泄水孔当设计无规定时，施工应符合下列规定：

①泄水孔应均匀设置，在每米高度上间隔 2m 左右设置一个泄水孔。

②泄水孔与土体间铺设长度各为 300mm、厚为 200mm 的卵石或碎石作疏水层。

（3）石材及砂浆强度等级必须符合设计要求。

2）主控项目

（1）砂浆饱满度不应小于 80%。

（2）石砌体的轴线位置及垂直度允许偏差应符合表 2-14 的规定。

表 2-14　石砌体的轴线位置及垂直度允许偏差

项次	项目	允许偏差（mm）						检验方法
		毛石砌体		料石砌体				
		基础	墙	毛料石		粗料石		细料石	
				基础	墙	基础	墙	墙、柱	
1	轴线位置	20	15	20	15	15	10	10	用经纬仪和尺检查，或用其他测量仪器检查

续表

项次	项目		允许偏差（mm）						检验方法
			毛石砌体		料石砌体				
					毛料石		粗料石		细料石	
			基础	墙	基础	墙	基础	墙	墙、柱	
2	墙面垂直度	每层	—	20	—	20	—	10	7	用经纬仪、吊线和尺检查或用其他测量仪器检查
		全高	—	30	—	30	—	25	20	

3) 一般项目

(1) 石砌体的一般尺寸允许偏差应符合相关规范的规定。

(2) 石砌体的组砌形式应符合下列规定：

① 内外搭砌，上下错缝，拉结石、丁砌石交错设置。

② 毛石墙拉结石每 0.7m^2 墙面不应少于 1 块。

4. 安全要点

1) 砌筑时，应经常检查和注意基坑边坡的土体变化情况，有无位移、裂缝现象，石材堆放应距离坑槽边 1m 以上。

2) 墙身砌筑高度超过地坪 1.2m 以上时，应搭设脚手架。

3) 砍毛石时应面向内打，防止碎石跳出伤人。

4) 不准徒手移动上墙的料石，以免压破或擦伤手指。

2.2.14 填充墙砌体工程

1. 施工要点

1) 蒸压加气混凝土砌块、轻集料混凝土小型空心砌块砌筑时，其产品龄期应超过28d。

2）空心砖、蒸压加气混凝土砌块、轻集料混凝土小型空心砌块等在运输、装卸过程中，严禁抛掷和倾倒。进场后应按品种、规格分别堆放整齐，堆置高度不宜大于2m。加气混凝土砌块应防止雨淋。

2. 质量要点

1）填充墙砌体砌筑前，块材应提前2d浇水湿润。蒸压加气混凝土砌块砌筑时，应向砌筑面适量浇水。

2）用轻集料混凝土小型空心砌块或蒸压加气混凝土砌块砌筑墙体时，墙底部应砌烧结普通砖或多孔砖，或普通混凝土小型空心砌块，或现浇混凝土坎台等，其高度不宜小于200mm。

3. 质量验收

1）强制性条文

水泥、砂浆按2.2.12中的规定执行。

2）主控项目

砖、砌块和砌筑砂浆的强度等级应符合设计要求。

3）一般项目

（1）填充墙砌体一般尺寸的允许偏差应符合相关规范的规定。

（2）蒸压加气混凝土砌块砌体和轻集料混凝土小型空心砌块砌体不应与其他块材混砌。

（3）填充墙砌体的砂浆饱满度及检验方法应符合相关规范的规定。

（4）填充墙砌体留置的拉结钢筋或网片的位置应与块体皮数相符合。拉结钢筋或网片应置于灰缝中，埋置长度应符合设计要求，竖向位置偏差不应超过一皮高度。

(5) 填充墙砌筑时应错缝搭砌，蒸压加气混凝土砌块搭砌长度不应小于砌块长度的1/3；轻集料混凝土小型空心砌块搭砌长度不应小于90mm；竖向通缝不应大于2皮。

(6) 填充墙砌体的灰缝厚度和宽度应正确。空心砖、轻集料混凝土小型空心砌块灰缝应为8~12mm。蒸压加气混凝土砌块砌体的水平灰缝厚度及竖向灰缝宽度分别宜为15mm和20mm。

(7) 填充墙砌至接近梁、板底时，应留一定空隙，待填充墙砌筑完并应至少间隔7d后，再将其补砌挤紧。

2.2.15 方木和原木结构工程

1. 施工要点

1) 木结构工程采用的木材（含规格材、木基结构板材）、钢构件和连接件、胶合剂及层板胶合木构件、器具及设备应进行现场验收。凡涉及安全、功能的材料或产品应按《木结构工程施工质量验收规范》（GB 50206—2012）或相应的专业工程质量验收规范的规定复验，并应经监理工程师（建设单位技术负责人）检查认可。

2) 各工序应按施工技术标准控制质量，每道工序完成后，应进行检查。

3) 相关各专业工种之间，应进行交接检验，并形成记录。未经监理工程师（建设单位技术负责人）检查认可，不得进行下道工序施工。

2. 质量要点

1) 木材（含层板胶合木、木基结构板材等）、胶合剂和钢连接件都应有产品质量合格证书。

2) 控制每道工序的质量，按照《木结构工程施工质量验收规范》(GB 50206—2012) 的标准进行自检。

3) 木桁架、梁柱的制作偏差应在吊装前检查验收,以便及时更换达不到质量要求的构件或局部修正。

4) 木材的防腐、防虫及防火和阻燃处理与工程所在地的环境条件决定,要严格要求使用的药剂符合设计文件规定。

3. 质量验收

1) 强制性条文

(1) 方木、原木结构的形式、结构布置和构件尺寸,应符合设计文件的规定。

(2) 结构用木材应符合设计文件的规定,并应具有产品质量合格证书。

2) 主控项目

(1) 应根据木构件的受力情况,按表 2-15 规定的等级检查方木、板材及原木构件的木材缺陷限值。

(2) 应按下列规定检查木构件进场时木材的平均含水率:

① 原木或方木结构应不大于 25%。

② 板材结构及受拉构件的连接板应不大于 18%。

③ 通风条件较差的木构件应不大于 20%。

注:本条中规定的含水率为木构件全截面的平均值。

表 2-15 木构件受力情况与方木、板材及原木构件木材缺陷限值

项次	缺陷名称	木材等级		
		I_a	II_a	III_a
		受拉构件或拉弯构件	受弯构件或压弯构件	受压构件
1	腐朽	不允许	不允许	不允许

续表

项次	缺陷名称		木材等级		
			Ⅰₐ	Ⅱₐ	Ⅲₐ
			受拉构件或拉弯构件	受弯构件或压弯构件	受压构件
2	木节	在构件任一面任何150mm长度上所有木节尺寸的总和，不得大于所在面宽的	1/3（连接部位为1/4）	2/5	1/2
3	斜纹	斜率不大于（%）	5	8	12
4	裂缝	1）在连接的受剪面上	不允许	不允许	不允许
		2）在连接部位的受剪面附近，其裂缝深度（有对面裂缝时用两者之和）不得大于材宽的	1/4	1/3	不限
5	髓心		应避开受剪面	不限	不限

3）一般项目

（1）木桁架、木梁（含檩条）及木柱制作的允许偏差应符合表2-16的规定。

表 2-16 木桁架、木梁（含檩条）及木柱制作的允许偏差

项次	项目		允许偏差（mm）	检验方法
1	构件截面尺寸	方木构件高度、宽度	－3	钢尺量
		板材厚度、宽度	－2	
		原木构件梢径	－5	
2	结构长度	长度不大于 15m	±10	钢尺量桁架支座节点中心间距，梁、柱全长（高）
		长度大于 15m	±15	
3	桁架高度	跨度不大于 15m	±10	钢尺量脊节点中心与下弦中心距离
		跨度大于 15m	±15	
4	受压或压弯构件纵向弯曲	方木构件	$L/500$	拉线钢尺量
		原木构件	$L/200$	
5	弦杆节点间距		±5	钢尺量
6	齿连接刻槽深度		±2	
7	支座节点受剪面	长度	－10	
		宽度 方木	－3	
		宽度 原木	－4	
8	螺栓中心间距	进孔处	±0.2d	钢尺量
		出孔处 垂直木纹方向	±0.5d 且不大于 4B/100	
		出孔处 顺木纹方向	±1d	
9	钉进孔处的中心间距		±1d	—

续表

项次	项目	允许偏差(mm)	检验方法
10	桁架起拱	+20	以两支座节点下弦中心线为准，拉一水平线，用钢尺量
		-10	两跨中下弦中心线与拉线之间距离

注：d 为螺栓或钉的直径；L 为构件长度；B 为板的总厚度。

(2) 木桁架、梁、柱安装的允许偏差应符合表 2-17 的规定。

表 2-17 木桁架、梁、柱安装的允许偏差

项次	项目	允许偏差(mm)	检验方法
1	结构中心线的间距	±20	钢尺量
2	垂直度	$H/200$ 且不大于 15	吊线钢尺量
3	受压或压弯构件纵向弯曲	$L/300$	吊（拉）线钢尺量
4	支座轴线对支承面中心位移	10	钢尺量
5	支座标高	±5	用水准仪

注：H 为构件高度；L 为构件长度。

(3) 屋面木骨架的安装允许偏差应符合表 2-18 的规定。

表 2-18 屋面木骨架的安装允许偏差

项次	项目		允许偏差（mm）	检验方法
1	檩条、椽条	方木截面	-2	钢尺量
		原木梢径	-5	钢尺量，椭圆时取大小径的平均值
		间距	-10	钢尺量
		方木上表面平直	4	沿坡拉线钢尺量
		原木上表面平直	7	
2	油毡搭接宽度		-10	钢尺量
3	挂瓦条间距		±5	
4	封山、封檐板平直	下边缘	5	拉10m线，不足10m拉通线，钢尺量
		表面	8	

（4）木屋盖上弦平面横向支撑设置的完整性应按设计文件检查。

2.3 建筑装饰装修工程

建筑装饰装修工程可分为基层铺设、面层铺设、抹灰、防水、门窗、涂饰等分项工程。

2.3.1 基土工程

1. 施工要点

1）土层结构被扰动的基土应进行换填，并予以压实。压实系数应符合设计要求。

2）对软弱土层应按设计要求进行处理。

3）填土应分层摊铺、分层压（夯）实、分层检验其密实度。填土质量应符合现行国家标准《建筑地基基础工程施工质量验收标准》（GB 50202—2018）的有关规定。

4) 填土时应为最优含水量。重要工程或大面积的地面填土前,应取土样,按击实试验确定最优含水量与相应的最大干密度。

2. 质量要点

填土施工前,应根据工程特点、填土料种类、密实度要求、施工条件等确定填土料的含水率控制范围、虚铺厚度、压实遍数等各种参数。填土压实时,土料应控制在最优含水量的状态下进行。

3. 质量验收

1) 主控项目

(1) 基土严禁用淤泥、腐殖土、冻土、耕植土、膨胀土和有机物质含量大于8%的土作为填土。

(2) 基土应均匀密实,压实系数应符合设计要求,设计无要求时,不应小于0.90。

2) 一般项目

基土表面的允许偏差应符合表2-19的规定。

2.3.2 砂、砂石、碎石、碎砖垫层工程

1. 施工要点

1) 砂垫层厚度不应小于60mm,砂石垫层厚度不应小于100mm。

2) 碎石垫层和碎砖垫层厚度不应小于100mm。

2. 质量要点

1) 砂石应选用天然级配材料,铺设时不应有粗细颗粒分离现象,压(夯)至不松动为止。

2) 碎石、碎砖垫层应分层压(夯)实,达到表面坚实、平整。

表 2-19 基层表面的允许偏差和检验方法

项次	项目	允许偏差 (mm)									检验方法
		基土	垫层		毛地板			找平层		填充层	隔离层
			砂、砂石、碎石、碎砖	灰土、三合土、炉渣、水泥混凝土	木搁栅	拼花实木地板、拼花实木复合地板面层	其他种类面层	用沥青玛蹄脂做结合层铺设拼花木板、板块面层	用水泥砂浆做结合层铺设板块面层	用胶黏剂做结合层铺设拼花木板、塑料板、强化复合地板、竹地板面层	松散材料	板、块材料	防水、防潮、防油渗	
1	表面平整度	15	15	10	3	3	5	3	5	2	7	5	3	用 2m 靠尺和楔形塞尺检查
2	标高	0 -50	±20	±10	±5	±5	±8	±5	±8	±4	±4	±4	用水准仪检查
3	坡度	不大于房间相应尺寸的 2/1000，且不大于 30											用坡度尺检查
4	厚度	在个别地方不大于设计厚度的 1/10，且不大于 20											用钢尺检查

3. 质量验收

1) 主控项目

(1) 砂和砂石不得含有草根等有机杂质；砂应采用中砂；石子最大粒径不得大于垫层厚度的 2/3。

(2) 砂垫层和砂石垫层的干密度（或贯入度）应符合设计要求。

(3) 碎石的强度应均匀，最大粒径不应大于垫层厚度的 2/3；碎砖不应采用风化、酥松、夹有有机杂质的砖料，颗粒粒径不应大于 60mm。

(4) 碎石、碎砖垫层的密实度应符合设计要求。

2) 一般项目

表面不应有砂窝、石堆等质量缺陷。

2.3.3 水泥混凝土垫层工程

1. 施工要点

1) 水泥混凝土垫层应铺设在基土上。当气温长期处于 0℃ 以下，设计无要求时，垫层应设置伸缩缝，缝的位置、嵌缝做法等应与面层伸、缩缝相一致。

2) 水泥混凝土垫层的厚度不应小于 60mm。

3) 垫层铺设前，当为水泥类基层时，其下一层表面应湿润。

2. 质量要点

1) 室内地面的水泥混凝土垫层应设置纵向缩缝和横向缩缝，纵向缩缝和横向缩缝的间距均不应大于 6m。

2) 水泥混凝土施工质量检验应符合现行国家标准《混凝土结构工程施工质量验收规范》（GB 50204—2015）的有关规定。

3. 质量验收

1) 主控项目

（1）水泥混凝土垫层采用的粗集料，其最大粒径不应大于垫层厚度的 2/3；含泥量不应大于 3%。砂为中粗砂，其含泥量不应大于 3%。

（2）水泥混凝土的强度等级应符合设计要求，且不应小于 C15。

2）一般项目

水泥混凝土垫层表面的允许偏差应符合表 2-19 的相关规定。

2.3.4 水泥混凝土整体面层工程

1. 施工要点

面层厚度应符合设计要求。

2. 质量要点

面层铺设不得留施工缝。当施工间隙超过允许时间规定时，应对接槎处进行处理。

3. 质量验收

1）强制性条文

厕浴间、厨房和有排水（或其他液体）要求的建筑地面面层与相连接各类面层的标高差应符合设计要求。

2）主控项目

（1）水泥混凝土采用的粗集料，其最大粒径不应大于面层厚度的 2/3，细石混凝土面层采用的石子粒径不应大于 16mm。

（2）面层的强度等级应符合设计要求，且水泥混凝土面层强度等级不应小于 C20；水泥混凝土垫层兼面层强度等级不应小于 C15。

（3）面层与下一层应结合牢固，无空鼓、裂纹。

3）一般项目

（1）面层表面不应有裂纹、脱皮、麻面、起砂等缺陷。

（2）面层表面的坡度应符合设计要求，不得有倒泛水和积水现象。

（3）水泥砂浆踢脚线与墙面应紧密结合，高度一致，出墙厚度均匀。

（4）楼梯踏步的宽度、高度应符合设计要求。楼层梯段相邻踏步高度差不应大于10mm，每踏步两端宽度差不应大于10mm；旋转楼梯梯段的每踏步两端宽度的允许偏差为5mm。楼梯踏步的齿角应整齐，防滑条应顺直。

（5）水泥混凝土面层的允许偏差应符合相关规范的规定。

2.3.5 砖面层工程

1. 施工要点

1）砖面层可采用陶瓷锦砖、缸砖、陶瓷地砖和水泥花砖，应在结合层上铺设。

2）在水泥砂浆结合层上铺贴缸砖、陶瓷地砖和水泥花砖面层时，应符合下列规定：

（1）在铺贴前，应对砖的规格尺寸、外观质量、色泽等进行预选；需要时，浸水湿润、晾干待用。

（2）勾缝和压缝应采用同品种、同强度等级、同颜色的水泥，并做养护和保护。

2. 质量要点

1）在水泥砂浆结合层上铺贴陶瓷锦砖面层时，砖底面应洁净，每联陶瓷锦砖之间、与结合层之间以及在墙角、镶边和靠柱、墙处应紧密贴合；在靠柱、墙处不得采用砂浆填补。

2）在胶结料结合层上铺贴缸砖面层时，缸砖应干净，铺贴应在胶结料凝结前完成。

3. 质量验收

1) 主控项目

(1) 面层所用板块的品种、质量必须符合设计要求。

(2) 面层与下一层的结合（黏结）应牢固，无空鼓。

2) 一般项目

(1) 砖的表面应洁净，图案清晰，色泽一致，接缝平整，深浅一致，周边顺直。板块无裂纹、掉角和缺棱等缺陷。

(2) 面层邻接处的镶边用料及尺寸应符合设计要求，边角整齐、光滑。

(3) 踢脚线表面应洁净、高度一致、结合牢固、出墙厚度一致。

(4) 楼梯踏步和台阶板块的缝隙宽度应一致、齿角整齐；楼层梯段相邻踏步高度差不应大于 10mm；防滑条顺直。

(5) 面层表面的坡度应符合设计要求，不倒泛水、无积水；与地漏、管道结合处应严密牢固，无渗漏。

(6) 砖面层的允许偏差应符合相关规范的规定。

2.3.6 大理石面层和花岗岩面层分项工程

1. 施工要点

1) 大理石、花岗石面层采用天然大理石、花岗石（或碎拼大理石、碎拼花岗石）板材，应在结合层上铺设。

2) 板材有裂缝、掉角、翘曲和表面有缺陷时应予剔除，品种不同的板材不得混杂使用；在铺设前，应根据石材的颜色、花纹、图案、纹理等，按设计要求试拼编号。

2. 质量要点

铺设大理石、花岗石面层前，板材应浸湿、晾干；结合层与板材应分段同时铺设。

3. 质量验收

1）强制性条文

厕浴间和有防滑要求的建筑地面的板块材料应符合设计要求。

2）主控项目

（1）大理石、花岗石面层所用板块产品应符合设计要求和国家现行有关标准的规定。

（2）大理石、花岗石面层所用板块进入施工现场时，应有放射性限量合格的检测报告。

（3）面层与下一层应结合牢固，无空鼓。

3）一般项目

（1）大理石、花岗石面层铺装前，板块的背面和侧面应进行防碱处理。

（2）大理石、花岗石面层的表面应洁净、平整、无磨痕，且应图案清晰，色泽一致，接缝均匀，周边顺直，镶嵌正确，板块无裂纹、掉角、缺棱等缺陷。

（3）踢脚线表面应洁净，高度一致、结合牢固、出墙厚度一致。

（4）楼梯踏步和台阶板块的缝隙宽度应一致、齿角整齐，楼层梯段相邻踏步高度差不应大于10mm，防滑条应顺直、牢固。

（5）面层表面的坡度应符合设计要求，不倒泛水、无积水；与地漏、管道结合处应严密牢固，无渗漏。

（6）大理石和花岗石面层（或碎拼大理石、碎拼花岗石）的允许偏差应符合相关规范的规定。

4. 安全要点

1）大理石、花岗石面层铺装过程中涉及材料搬运的，要求戴手套作业，防止砸伤。

2）大理石、花岗石面层铺装过程中要求做好扬尘控制措施。

3）施工现场切割加工过程中要防止机械伤害，要求做好相关安全防护措施，手动切割工具临时用电要求专业电工负责接线。

2.3.7 一般抹灰工程

1. 施工要点

1）外墙抹灰工程施工前应先安装钢木门窗框、护栏等，并应将墙上的施工孔洞堵塞密实。

2）抹灰用的石灰膏的熟化期不应少于15d；罩面用的磨细石灰粉的熟化期不应少于3d。

3）室内墙面、柱面和门洞口的阳角做法应符合设计要求。设计无要求时，应采用1:2水泥砂浆做暗护角，其高度不应低于2m，每侧宽度不应小于50mm。

2. 质量要点

1）当要求抹灰层具有防水、防潮功能时，应采用防水砂浆。

2）各种砂浆抹灰层，在凝结前应防止快干、水冲、撞击、振动和受冻，在凝结后应采取措施防止沾污和损坏。水泥砂浆抹灰层应在湿润条件下养护。

3. 质量验收

1）强制性条文

（1）施工单位应遵守有关环境保护的法律法规，并应采取有效措施控制施工现场的各种粉尘、废气、废弃物、噪声、振动等对周围环境造成的污染和危害。

（2）外墙和顶棚的抹灰层与基层之间及各抹灰层之间必

须黏结牢固。

2) 主控项目

(1) 抹灰前基层表面的尘土、污垢、油渍等应清除干净,并应洒水润湿。

(2) 一般抹灰所用材料的品种和性能应符合设计要求。水泥的凝结时间和安定性复验应合格。砂浆的配合比应符合设计要求。

(3) 抹灰工程应分层进行。当抹灰总厚度大于或等于35mm时,应采取加强措施。不同材料基体交接处表面的抹灰,应采取防止开裂的加强措施,当采用加强网时,加强网与各基体的搭接宽度不应小于100mm。

(4) 抹灰层与基层之间及各抹灰层之间必须黏结牢固,抹灰层应无脱层、空鼓,面层应无爆灰和裂缝。

3) 一般项目

(1) 一般抹灰工程的表面质量应符合下列规定:

① 普通抹灰表面应光滑、洁净、接槎平整,分格缝应清晰。

② 高级抹灰表面应光滑、洁净、颜色均匀、无抹纹,分格缝和灰线应清晰美观。

(2) 护角、孔洞、槽、盒周围的抹灰表面应整齐、光滑;管道后面的抹灰表面应平整。

(3) 抹灰层的总厚度应符合设计要求;水泥砂浆不得抹在石灰砂浆层上;罩面石膏灰不得抹在水泥砂浆层上。

(4) 抹灰分格缝的设置应符合设计要求,宽度和深度应均匀,表面应光滑,棱角应整齐。

(5) 有排水要求的部位应做滴水线(槽)。滴水线(槽)应整齐顺直,滴水线应内高外低,滴水槽的宽度和深度均不应小于 10mm。

（6）一般抹灰工程质量的允许偏差和检验方法应符合表 2-20 的规定。

表 2-20　一般抹灰工程质量允许偏差和检验方法

项次	项目	允许偏差（mm）		检验方法
		普通抹灰	高级抹灰	
1	立面垂直度	4	3	用 2m 垂直检测尺检查
2	表面平整度	4	3	用 2m 靠尺和塞尺检查
3	阴阳角方正	4	3	用直角检测尺检查
4	分格条（缝）直线度	4	3	拉 5m 线，不足 5m 拉通线，用钢直尺检查
5	墙裙、勒脚上口直线度	4	3	拉 5m 线，不足 5m 拉通线，用钢直尺检查

注：1. 普通抹灰，本表第 3 项阴阳角方正可不检查。

　　2. 顶棚抹灰，本表第 2 项表面平整度可不检查，但应平顺。

4. 安全要点

1）砂浆机、搅拌机应有专人操作，专人维修保养，人员应持证上岗，电气设备应绝缘良好并接地，做好三级配电、三级保护。

2）室内抹灰使用的马凳，支架应平稳牢固，跳板上不得集中堆放物体，跳板不得有空头板现象，并严禁脚手板支放在门窗、暖气水管道上，严禁两头用铁丝绑扎牢固。

3）操作前先要检查架子、高凳是否牢固，如发现不牢固、不安全的地方应立即加固处理。

4）搅拌机应实施二级漏电保护，上班前电源接通后，经空车试转认为合格，方可使用。

2.3.8 金属门窗安装工程

1. 施工要点

1) 门窗安装前,应对门窗洞口尺寸进行检验。

2) 金属门窗安装应采用预留洞口的方法施工,不得采用边安装边砌口或先安装后砌口的方法施工。

2. 质量要点

当金属窗或塑料窗组合时,其拼樘料的尺寸、规格、壁厚应符合设计要求。

3. 质量验收

1) 强制性条文

① 建筑外门窗的安装必须牢固。在砌体上安装门窗严禁用射钉固定。

② 推拉门窗扇必须牢固,必须安装防脱落装置。

2) 主控项目

(1) 金属门窗的品种、类型、规格、尺寸、性能、开启方向、安装位置、连接方式及门窗的型材壁厚应符合设计要求。金属门窗的防腐处理及填嵌、密封处理应符合设计要求。

(2) 金属门窗框和附框的安装必须牢固。预埋件的数量、位置、埋设方式、与框的连接方式必须符合设计要求。

(3) 金属门窗扇必须安装牢固,并应开关灵活、关闭严密,无倒翘。推拉门窗扇必须有防脱落装置。

(4) 金属门窗配件的型号、规格、数量应符合设计要求,安装应牢固,位置应正确,功能应满足使用要求。

3) 一般项目

(1) 金属门窗表面应洁净、平整、光滑、色泽一致,无锈蚀。大面应无划痕、碰伤。漆膜或保护层应连续。

(2) 金属门窗推拉门窗扇开关力应不大于50N。

(3) 金属门窗框与墙体之间的缝隙应填嵌饱满,并采用密封胶密封。密封胶表面应光滑、顺直、无裂纹。

(4) 金属门窗扇的橡胶密封条或毛毡密封条应安装完好,不得脱槽。

(5) 有排水孔的金属门窗,排水孔应畅通,位置和数量应符合设计要求。

(6) 金属门窗安装的留缝限值和允许偏差应符合相关规范规定。

4. 安全要点

1) 安装二层楼以上外墙门窗扇时,外侧防护应齐全可靠,操作人员必须系好安全带,工具应随手放进工具袋内。

2) 安装上层窗扇,不要向下乱扔东西,工作时脚要踩稳,不要向下看。

3) 门窗不得平放,应该竖立,其竖立坡度不大于20°,并不准人字形堆放。

2.3.9 门窗玻璃安装工程

1. 施工要点

为防止门窗的框、扇型材胀缩、变形时导致玻璃破碎,门窗玻璃不应直接接触型材。

2. 质量要点

为保护镀膜玻璃上的镀膜层及发挥镀膜层的作用,单面镀膜玻璃的镀膜层应朝向室内。双层玻璃的单面镀膜玻璃应在最外层,镀膜层应朝向室内。

3. 质量验收

1) 主控项目

(1) 玻璃的层数,品种、规格、尺寸、色彩、图案和涂膜朝向应符合设计要求。单块玻璃大于 $1.5m^2$ 时应使用安全玻璃。

(2) 门窗玻璃裁割尺寸应正确。安装后的玻璃应牢固，不得有裂纹、损伤和松动。

(3) 玻璃的安装方法应符合设计要求。固定玻璃的钉子或钢丝卡的数量、规格应保证玻璃安装牢固。

(4) 镶钉木压条接触玻璃处，应与裁口边缘平齐。木压条应互相紧密连接，并与裁口边缘紧贴，割角应整齐。

(5) 密封条与玻璃、玻璃槽口的接触应紧密、平整。密封胶与玻璃、玻璃槽口的边缘应黏结牢固、接缝平齐。

(6) 带密封条的玻璃压条，其密封条必须与玻璃全部贴紧，压条与型材之间应无明显缝隙，压条接缝应不大于 0.5mm。

2) 一般项目

(1) 玻璃表面应洁净，不得有腻子、密封胶、涂料等污渍。中空玻璃内外表面均应洁净，玻璃中空层内不得有灰尘和水蒸气。

(2) 腻子及密封胶应填抹饱满、黏结牢固；腻子边缘与裁口应平齐；固定玻璃的卡子不应在腻子表面显露。

2.3.10 饰面板安装工程

1. 施工要点

外墙饰面板粘贴前和施工过程中，均应在相同基层上做样板件，并对样板件的饰面板粘贴强度进行检验。

2. 质量要点

饰面板工程的抗震缝、伸缩缝、沉降缝等部位的处理应保证缝的使用功能和饰面的完整性。

3. 质量验收

1) 强制性条文

饰面板安装工程预埋件（或后置埋件）、连接件的数量、规格、位置、连接方法和防腐处理必须符合设计要求。后置埋件的现场拉拔强度必须符合设计要求。饰面板安装必须牢固。

2）主控项目

（1）饰面板的品种、规格、颜色和性能应符合设计要求，木龙骨、木饰面板和塑料面板的燃烧性能等级应符合设计要求。

（2）饰面板孔、槽的数量、位置和尺寸应符合设计要求。

3）一般项目

（1）饰面板表面应平整、洁净、色泽一致、无裂痕和缺损。石材表面应无泛碱等污染。

（2）饰面板嵌缝应密实、平直，宽度和深度应符合设计要求，嵌填材料色泽应一致。

（3）采用湿作业法施工的饰面板工程，石材应进行防碱背涂处理。饰面板与基体之间的灌注材料应饱满、密实。

（4）饰面板上的孔洞应套割吻合，边缘应整齐。

（5）饰面板安装的允许偏差和检验方法应符合表 2-21 的规定。

表 2-21 饰面板安装允许偏差和检验方法

项次	项目	允许偏差（mm）							检验方法
		石材			瓷板	木材	塑料	金属	
		光面	剁斧石	蘑菇石					
1	立面垂直度	2	3	3	2	1.5	2	2	用 2m 垂直检测尺检查
2	表面平整度	2	3	—	1.5	1	3	3	用 2m 靠尺和塞尺检查

续表

项次	项目	允许偏差（mm）							检验方法
		石材			瓷板	木材	塑料	金属	
		光面	剁斧石	蘑菇石					
3	阴阳角方正	2	4	4	2	1.5	3	3	用直角检测尺检查
4	接缝直线度	2	4	4	2	1	1	1	拉5m线，不足5m拉通线，用钢直尺检查
5	墙裙、勒脚上口直线度	2	3	3	2	2	2	2	拉5m线，不足5m拉通线，用钢直尺检查
6	接缝高低差	0.5	3	—	0.5	0.5	1	1	用钢直尺和塞尺检查
7	接缝宽度	1	2	2	1	1	1	1	用钢直尺检查

2.3.11 饰面砖安装工程

1. 施工要点

外墙饰面砖粘贴前和施工过程中，均应在相同基层上做样板件，并对样板件的饰面砖粘贴强度进行检验。

2. 质量要点

饰面砖工程的抗震缝、伸缩缝、沉降缝等部位的处理应保证缝的使用功能和饰面的完整性。

3. 质量验收

1）主控项目

（1）饰面砖的品种、规格、图案、颜色和性能应符合设计要求。

(2) 饰面砖粘贴工程的找平、防水、黏结和勾缝材料及施工方法应符合设计要求及国家现行产品标准和工程技术标准的规定。

(3) 饰面砖粘贴必须牢固。

(4) 满粘法施工的饰面砖应无空鼓、裂缝。

2) 一般项目

(1) 饰面砖表面应平整、洁净、色泽一致、无裂痕和缺损。

(2) 阴阳角处搭接方式、非整砖使用部位应符合设计要求。

(3) 墙面凸出物周围的饰面砖应整砖套割吻合，边缘应整齐。墙裙、贴脸凸出墙面的厚度应一致。

(4) 饰面砖接缝应平直、光滑，填嵌应连续、密实；宽度和深度应符合设计要求。

(5) 有排水要求的部位应做滴水线（槽）。滴水线（槽）应顺直，流水坡向应正确，坡度应符合设计要求。

(6) 饰面砖粘贴的允许偏差和检验方法应符合表 2-22 的规定。

表 2-22 饰面砖粘贴允许偏差和检验方法

项次	项目	允许偏差（mm）		检验方法
		外墙面砖	内墙面砖	
1	立面垂直度	3	2	用 2m 垂直检测尺检查
2	表面平整度	4	3	用 2m 靠尺和塞尺检查
3	阴阳角方正	3	3	用直角检测尺检查
4	接缝直线度	3	2	拉 5m 线，不足 5m 拉通线，用钢直尺检查
5	接缝高低差	1	0.5	用钢直尺和塞尺检查
6	接缝宽度	1	1	用钢直尺检查

2.3.12 水性涂料涂饰工程

1. 施工要点

涂饰工程的基层处理应符合下列要求：

1）新建筑物的混凝土或抹灰基层在涂饰涂料前应涂刷抗碱封闭底漆。

2）旧墙面在涂饰涂料前应清除疏松的旧装修层，并涂刷界面剂。

3）混凝土或抹灰基层涂刷溶剂型涂料时，含水率不得大于8%；涂刷乳液型涂料时，含水率不得大于10%。木材基层的含水率不得大于12%。

4）基层腻子应平整、坚实、牢固，无粉化、起皮和裂缝；内墙腻子的黏结强度应符合《建筑室内用腻子》(JG/T 298—2010)的规定。

5）卫生间封墙面必须使用耐水腻子。

2. 质量要点

1）水性涂饰涂料工程施工的环境温度应在5～35℃之间。

2）涂饰工程应在涂层养护期满后进行质量验收。

3. 质量验收

1）主控项目

(1) 水性涂料涂饰工程所用涂料的品种、型号和性能应符合设计要求。

(2) 水性涂料涂饰工程的颜色、图案应符合设计要求。

(3) 水性涂料涂饰工程应涂饰均匀、黏结牢固，不得漏涂、透底、起皮和掉粉。

(4) 水性涂料涂饰工程的基层处理应符合相关规范的要求。

2) 一般项目

(1) 薄涂料的涂饰质量和检验方法应符合表 2-23 的规定。

表 2-23 薄涂料涂饰质量和检验方法

项次	项目	普通涂饰	高级涂饰	检验方法
1	颜色	均匀一致	均匀一致	观察
2	泛碱、咬色	允许少量轻微	不允许	
3	流坠、疙瘩	允许少量轻微	不允许	
4	砂眼、刷纹	允许少量轻微砂眼,刷纹通顺	无砂眼,无刷纹	
5	装饰线、分色线直线度允许偏差(mm)	2	1	拉 5m 线,不足 5m 拉通线,用钢直尺检查

(2) 厚涂料的涂饰质量和检验方法应符合表 2-24 的规定。

表 2-24 厚涂料涂饰质量和检验方法

项次	项目	普通涂饰	高级涂饰	检验方法
1	颜色	均匀一致	均匀一致	观察
2	泛碱、咬色	允许少量轻微	不允许	
3	点状分布		疏密均匀	

(3) 涂层与其他装修材料和设备衔接处应吻合,界面应清晰。

2.4 建筑屋面工程

建筑屋面工程可分为找平层、卷材防水层、细石混凝土防水层、平瓦屋面、种植池屋面等分项工程。

2.4.1 找平层工程

1. 施工要点

找平层宜采用水泥砂浆或细石混凝土；找平层的抹平工序应在初凝前完成，压光工序应在终凝前完成，终凝后应进行养护。

2. 质量要点

找平层分格缝纵横间距不宜大于 6m，分格缝的宽度宜为 5～20mm。

3. 质量验收

1) 主控项目

（1）找平层的材料质量及配合比，必须符合设计要求。

（2）屋面（含天沟、檐沟）找平层的排水坡度，必须符合设计要求。

2) 一般项目

（1）基层与凸出屋面结构的交接处和基层的转角处，均应做成圆弧形，且整齐平顺。

（2）水泥砂浆、细石混凝土找平层应平整、压光，不得有酥松、起砂、起皮现象；沥青砂浆找平层不得有拌和不匀、蜂窝现象。

（3）找平层分格缝的宽度和间距应符合设计要求。

（4）找平层表面平整度的允许偏差为 5mm。

2.4.2 卷材防水层工程

1. 施工要点

1) 防水层施工前，基层应坚实、平整、干净、干燥。

2) 基层处理剂应配比准确，并应搅拌均匀；喷涂或涂刷基层处理剂应均匀一致，待其干燥后应及时进行卷材、涂膜防水层和接缝密封防水施工。

3）防水层完工并经验收合格后,应及时做好成品保护。

2. 质量要点

1）屋面坡度大于25%时,卷材应采取满粘和钉压固定措施。

2）卷材铺贴方向应符合下列规定：

（1）卷材宜平行屋脊铺贴。

（2）上下层卷材不得相互垂直铺贴。

3）卷材搭接缝应符合下列规定：

（1）平行屋脊的卷材搭接缝应顺流水方向,卷材搭接宽度应符合相关规范规定。

（2）相邻两幅卷材短边搭接缝应错开,且不得小于500mm。

（3）上下层卷材长边搭接缝应错开,且不得小于幅宽的1/3。

3. 质量验收

1）强制性条文

屋面工程所采用的防水、保温隔热材料应有产品合格证书和性能检测报告,材料的品种、规格、性能等应符合现行国家产品标准和设计要求。

2）主控项目

（1）卷材防水层所用卷材及其配套材料,必须符合设计要求。

（2）卷材防水层不得有渗漏或积水现象。

（3）卷材防水层在天沟、檐沟、檐口、水落口、泛水、变形缝和伸出屋面管道等的防水构造,必须符合设计要求。

3）一般项目

（1）卷材防水层的搭接缝应黏（焊）结牢固，密封严密，不得有皱折、翘边和鼓泡等缺陷；防水层的收头应与基层黏结并固定牢固，缝口封严，不得翘边。

（2）卷材防水层上的撒布材料和浅色涂料保护层应铺撒或涂刷均匀，黏结牢固；水泥砂浆、块材或细石混凝土保护层与卷材防水层间应设置隔离层；刚性保护层的分格缝留置应符合设计要求。

（3）排气屋面的排气道应纵横贯通，不得堵塞。排气管应安装牢固，位置正确，封闭严密。

（4）卷材的铺贴方向应正确，卷材搭接宽度的允许偏差为－10mm。

2.4.3 细石混凝土防水层工程

1. 施工要点

1）所有孔洞应预留，不得后凿；所设置的排水管等均应在混凝土施工前安装完毕。

2）防水混凝土应一次浇筑完毕，不得留施工缝。

2. 质量要点

防水混凝土应用机械振捣密实，表面应抹平和压光，初凝后应覆盖养护，终凝后浇水养护不得少于14d。

3. 质量验收

1）主控项目

（1）细石混凝土的原材料及配合比必须符合设计要求。

（2）细石混凝土防水层不得有渗漏或积水现象。

（3）细石混凝土防水层在天沟、檐沟、檐口、水落口、泛水、变形缝和伸出屋面管道等的防水构造，必须符合设计要求。

2）一般项目

(1) 细石混凝土防水层应表面平整、压实抹光,不得有裂缝、起壳、起砂等缺陷。

(2) 细石混凝土防水层的厚度和钢筋位置应符合设计要求。

(3) 细石混凝土分格缝的位置和间距应符合设计要求。

(4) 细石混凝土防水层表面平整度的允许偏差为5mm。

2.4.4 平瓦屋面工程

1. 施工要点

1) 瓦面与板面工程施工前,应对主体结构进行质量验收,并应符合现行国家标准规定。

2) 木质望板、檩条、顺水条、挂瓦条等构件,均应做防腐、防蛀和防火处理;金属顺水条、挂瓦条以及金属板、固定件,均应做防锈处理。

3) 瓦材或板材与山墙及凸出屋面结构的交接处,均应做泛水处理。

2. 质量要点

1) 在大风及地震设防地区或屋面坡度大于100%时,瓦材应采取固定加强措施。

2) 在瓦材的下面应铺设防水层或防水垫层,其品种、厚度和搭接宽度均应符合设计要求。

3. 质量验收

1) 强制性条文

(1) 屋面工程所采用的防水、保温隔热材料应有产品合格证书和性能检测报告,材料的品种、规格、性能等应符合现行国家产品标准和设计要求。

(2) 瓦片必须铺设牢固。在大风及地震设防地区或屋面坡度大于100%时,应按设计要求采取固定加强措施。

2) 主控项目

(1) 平瓦及其脊瓦的质量必须符合设计要求。

(2) 油毡瓦的质量必须符合设计要求。

(3) 油毡瓦所用固定钉必须钉平、钉牢,严禁钉帽外露油毡瓦表面。

3) 一般项目

(1) 挂瓦条应分档均匀,铺钉平整、牢固;瓦面平整,行列整齐,搭接紧密,檐口平直。

(2) 脊瓦应搭盖正确,间距均匀,封固严密;屋脊和斜脊应顺直,无起伏现象。

(3) 泛水做法应符合设计要求,顺直整齐,结合严密,无渗漏。

(4) 油毡瓦的铺设方法应正确;油毡瓦之间的对缝,上下层不得重合。

(5) 油毡瓦应与基层紧贴,瓦面平整,檐口顺直。

(6) 泛水做法应符合设计要求,顺直整齐,结合严密,无渗漏。

4. 安全要点

1) 操作人员在屋面作业时必须佩戴有足够强度的安全带,安全带系在屋面对面脚手架上。每次使用前必须检查对面脚手架是否牢固,或将绳子牢系在坚固的建筑结构上或金属结构架上。

2) 使用梯子上屋面时,必须检查梯子是否牢固,是否符合安全要求。

3) 高处作业的周围边缘和预留孔洞处,必须按"洞口、临边"防护规定进行设置。

4) 屋面施工人员严禁酒后上岗。

2.4.5　种植、架空、蓄水隔热层屋面工程

1. 施工要点

1）种植隔热层与防水层之间宜设细石混凝土保护层。

2）种植隔热层的屋面坡度大于20%，其排水层、种植土层应采取防滑措施。

3）架空隔热层的高度应按屋面宽度或坡度大小确定。设计无要求时，架空隔热层的高度宜为180~300mm。

4）当屋面宽度大于10m时，应在屋面中部设置通风屋脊，通风口处应设置通风箅子。

5）蓄水隔热层与屋面防水层之间应设隔离层。

2. 质量要点

1）过滤层土工布应沿种植土周边向上铺设至种植土高度，并应与挡墙或挡板粘牢；土工布的搭接宽度不应小于100mm，接缝宜采用粘合或缝合。

2）种植土的厚度及自重应符合设计要求，种植土表面应低于挡墙高度100mm。

3）架空隔热制品支座底面的卷材、涂膜防水层，应采取加强措施。

4）架空隔热制品的质量应符合下列要求：

（1）非上人屋面的砌块强度等级不应低于MU7.5；上人屋面的砌块强度等级不应低于MU10。

（2）混凝土板的强度等级不应低于C20，板厚及配筋须符合设计要求。

3. 质量验收

1）主控项目

（1）架空隔热制品的质量必须符合设计要求，严禁有断裂和露筋等缺陷。

(2) 蓄水屋面上设置的溢水口、过水孔、排水管、溢水管,其大小、位置、标高的留设必须符合设计要求。

(3) 蓄水屋面防水层施工必须符合设计要求,不得有渗漏现象。

(4) 种植屋面挡墙泄水孔的留设必须符合设计要求,并不得堵塞。

(5) 种植屋面防水层施工必须符合设计要求,不得有渗漏现象。

2) 一般项目

(1) 架空隔热制品的铺设应平整、稳固,缝隙勾填应密实;架空隔热制品距山墙或女儿墙不得小于250mm,架空层中不得堵塞,架空高度及变形缝做法应符合设计要求。

(2) 相邻两块制品的高低差不得大于3mm。

第3章 园林道路工程

园林道路工程可分为路基工程、基层工程、面层工程3个分部工程。

3.1 路基工程

综合性园林绿化工程中的道路路基分部工程以土方路基、填石路基工程为主。

3.1.1 土方路基工程

1. 施工要点

1) 施工前,应对道路中线控制桩、边线桩及高程控制桩等进行复核,确认无误后方可施工。

2) 施工前,应根据工程地质、水文、气象资料、施工工期和现场环境编制排水与降水方案。施工排水与降水设施不得破坏原有地面排水系统,且宜与现况地面排水系统及道路工程永久排水系统相符合。在施工期间排水设施应及时维修、清理,保证排水通畅。

3) 弃土、暂存土均不得妨碍各类地下管线等构筑物的正常使用与维护,且应避开建筑物、围墙、架空线等。严禁占压、损坏、掩埋各种检查井、消火栓等设施。

2. 质量要点

1) 路基施工前,应将现状地面上的积水排除、疏干,将树根坑、井穴、坟坑进行技术处理,并将地面整平。

2)路基范围内遇到软土地层或土质不良、边坡易被雨水冲刷的地段,当设计未做处理规定时,应办理变更设计,并据其制定专项施工方案。

3)路基填挖接近完成时,应恢复道路中线、路基边线,进行整形,并碾压成活;压实度应符合规范的有关规定。

4)当遇有翻浆时,必须采取处理措施。当采用石灰土处理翻浆时,土壤宜就地取材。

5)路基填方高度应按设计标高增加预沉量值。

6)高液限黏土、高液限粉土及含有机质细粒土,不适于做路基填料。因条件限制而必须采用上述土做填料时,应掺加石灰或水泥等结合料进行改善。

7)不同性质的土应分类、分层填筑,不得混填,填土中大于10cm的土块应打碎或剔除。

8)填土应分层进行。下层填土验收合格后,方可进行上层填筑。路基填土宽度每侧应比设计规定宽50cm。

9)压实应符合下列要求:

(1)路基压实应符合表3-1的规定。

表3-1 路基压实度标准

填挖类型	路床顶面以下深度(cm)	道路类别	压实度(%)(重型击实)	检验频率 范围	检验频率 点数	检验方法
挖方	0~30	城市快速路、主干路	≥95	1000m²	每层3点	环刀法、灌水法或灌砂法
		次干路	≥93			
		支路及其他小路	≥90			

续表

填挖类型	路床顶面以下深度（cm）	道路类别	压实度（%）（重型击实）	检验频率 范围	检验频率 点数	检验方法
填方	0~80	城市快速路、主干路	≥95	1000m²	每层3点	环刀法、灌水法或灌砂法
		次干路	≥93			
		支路及其他小路	≥90			
	>80~150	城市快速路、主干路	≥93			
		次干路	≥90			
		支路及其他小路	≥90			
	>150	城市快速路、主干路	≥90			
		次干路	≥90			
		支路及其他小路	≥87			

（2）压实应先轻后重、先慢后快、均匀一致，压路机最快速度不宜超过4km/h。

（3）填土的压实遍数，应按压实度要求，经现场试验确定。

（4）压实过程中应采取措施保护地下管线、构筑物安全。

（5）碾压应自路基边缘向中央进行，压路机轮外缘距路基边应保持安全距离，压实度应达到要求，且表面应无显著轮迹、翻浆、起皮、波浪等现象。

（6）压实应在土壤含水量接近最佳含水量值时进行。其含水量偏差幅度经试验确定。

（7）当管道位于路基范围内时，其沟槽的回填土压实度应符合现行国家标准《给水排水管道工程施工及验收规范》（GB 50268—2008）的有关规定，且管顶以上50cm范围内不得用压路机压实。当管道结构顶面至路床的覆土厚度不大于50cm时,应对管道结构进行加固。当管道结构顶面至路床的覆土厚度在50~80cm时,路基压实过程中应对管道结构采取保护或加固措施。

3. 质量验收

1)强制性条文

(1)人机配合土方作业,必须设专人指挥。机械作业时,配合作业人员严禁处在机械作业和走行范围内。配合人员在机械走行范围内作业时,机械必须停止作业。

(2)挖方施工应符合下列规定:

① 挖土时应自上向下分层开挖,严禁掏洞开挖。作业中断或作业后,开挖面应做成稳定边坡。

② 机械开挖作业时,必须避开构筑物、管线,在距管道边1m范围内应采用人工开挖;在距直埋缆线2m范围内必须采用人工开挖。

③ 严禁挖掘机等机械在电力架空线路下作业。需在其一侧作业时,垂直及水平安全距离应符合表3-2的规定。

表3-2 挖掘机、起重机(含吊物、载物)等机械与电力架空线路的最小安全距离

电压(kV)		<1	10	35	110	220	330	500
安全距离(m)	沿垂直方向	1.5	3.0	4.0	5.0	6.0	7.0	8.5
	沿水平方向	1.5	2.0	3.5	4.0	6.0	7.0	8.5

2)主控项目

(1)路基压实度应符合规范的规定(表3-1)。

(2)弯沉值不应大于设计规定。

3)一般项目

(1)土路基允许偏差应符合表3-3规定。

表 3-3　土路基允许偏差

项目	允许偏差	范围(m)	点数		检验方法
路床纵断高程(mm)	-20 +10	20	1		用水准仪测量
路床中线偏位(mm)	≤30	100	2		用经纬仪、钢尺量取最大值
路床平整度(mm)	≤15	20	路宽(m)	<9: 1 9~15: 2 >15: 3	用3m直尺和塞尺连续量两尺,取较大值
路床宽度(mm)	不小于设计值+B	40	1		用钢尺量
路床横坡	±0.3%且不反坡	20	路宽(m)	<9: 2 9~15: 4 >15: 6	用水准仪测量
边坡	不陡于设计值	20	2		用坡度尺量,每侧1点

注：B为施工时必要的附加宽度。

（2）路床应平整、坚实，无显著轮迹、翻浆、波浪、起皮等现象，路堤边坡应密实、稳定、平顺等。

4. 安全要点

按 3.1.1 中的强制性条文执行。

3.1.2 填石路基工程

1. 施工要点

1) 修筑填石路基应进行地表清理，先码砌边部，再逐层水平填筑石料，确保边坡稳定。

2) 施工前应先修筑试验段，以确定能达到最大压实干密度的松铺厚度、压实机械型号及组合、相应的压实遍数、沉降差等施工参数。

3) 填石路基宜选用12t以上的振动压路机、25t以上的轮胎压路机或2.5t以上的夯锤压（夯）实。

4) 路基范围内管线、构筑物四周的沟槽宜回填土料。

2. 质量要点

填石路基顶面应铺设整平层。整平层可采用未筛分碎石和石屑或低剂量水泥稳定粒料，其厚度视路基顶面不平整程度而定，一般为100～150mm。

3. 质量验收

1) 强制性条文

人机配合土方作业，必须设专人指挥。机械作业时，配合作业人员严禁处在机械作业和走行范围内。配合人员在机械走行范围内作业时，机械必须停止作业。

2) 主控项目

压实密度应符合试验路段确定的施工工艺，沉降差不应大于试验路段确定的沉降差。

3) 一般项目

(1) 路床顶面应嵌缝牢固，表面均匀、平整、稳定、无推移、浮石。

(2) 边坡应稳定、平顺、无松石。

(3) 填石路基允许偏差应符合表3-4的规定。

表 3-4　填石路基允许偏差

项目	允许偏差	范围(mm)	点数		检验方法
路床纵断高程(mm)	−20 +10	20	1		用水准仪测量
路床中线偏位(mm)	≤30	100	2		用经纬仪、钢尺量取最大值
路床平整度(mm)	≤20	20	路宽(m)	<9　　1 9~15　2 >15　　3	用3m直尺和塞尺连续量两尺,取较大值
路床宽度(mm)	不小于设计值+B	40	1		用钢尺量
路床横坡	±0.3%且不反坡	20	路宽(m)	<9　　2 9~15　4 >15　　6	用水准仪测量
边坡	不陡于设计值	20	2		用坡度尺量,每侧1点

注:B 为施工时必要的附加宽度。

4.安全要点

1)开挖作业开工前应将设计边线外至少 10m 范围内的浮石、杂物清除干净,必要时坡顶设截水沟,并设置安全防护栏。

2)开挖作业严格按照自上而下的顺序,尤其注意爬坡、下坡中的安全。

3)开挖过程中,应采取有效的截水、排水措施,防止地表水和地下水影响开挖作业和施工安全。

4)作业中车辆离坡边距离不得少于 1.5m。作业完毕后车辆停放于安全地点,离坡边距离不得少于 3m。决不允许停放在边坡顶端、底下或其他土质松软、容易塌方的地段。

5) 指挥人员做好警戒工作。检查好周围电线、电杆、地下光缆、水管,并做好防护措施。机械作业半径内严禁站人。

6) 作业完毕后,机械停放于安全地点,严禁停放在边坡底下或其他土质松软、容易塌方的地段。

3.2 基层工程

综合性园林绿化工程中的道路基层分部工程以石灰稳定土类基层工程、水泥稳定土类基层工程为主。

3.2.1 石灰稳定土类基层工程

1. 施工要点

1) 在城镇人口密集区,应使用厂拌石灰土,不得使用路拌石灰土。

2) 作业人员应佩戴劳动保护用品,现场应采取防扬尘措施。

3) 石灰土养护应符合下列规定:

(1) 石灰土成活后应立即洒水(或覆盖)养护,保持湿润,直至上层结构施工为止。

(2) 石灰土碾压成活后可采取喷洒沥青透层油养护,并宜在其含水率为 10% 左右时进行。

(3) 石灰土养护期应封闭交通。

2. 质量要点

1) 石灰稳定土类材料宜在冬期开始前 30~45d 完成施工,水泥稳定土类材料宜在冬期开始前 15~30d 完成施工。

2) 厂拌石灰土应符合下列规定:

(1) 石灰土搅拌前,应先筛除集料中不符合要求的颗粒,使集料的级配和最大粒径符合要求。

(2) 宜采用强制式搅拌机进行搅拌。配合比应准确,搅拌应均匀;含水量宜略大于最佳值;石灰土应过筛(20mm方孔)。

(3) 应根据土和石灰的含水量变化以及集料的颗粒组成变化,及时调整搅拌用水量。

(4) 拌成的石灰土应及时运送到铺筑现场,运输中应采取防止水分蒸发和防扬尘措施。

(5) 搅拌厂应向现场提供石灰土配合比例强度标准值及石灰中活性氧化物含量的资料。

3) 采用人工搅拌石灰土应符合下列规定:

(1) 所用土应预先打碎、过筛(20mm方孔),集中堆放,集中拌和。

(2) 应按需要将土和石灰按配合比要求进行掺配。掺配时土应保持适宜的含水量,掺配后过筛(20mm方孔),至颜色均匀一致为止。

4) 厂拌石灰土摊铺应符合下列规定:

(1) 路床应湿润。

(2) 压实系数应经试验确定。现场人工摊铺时,压实系数宜为1.65~1.70。

(3) 石灰土宜采用机械摊铺,每次摊铺长度宜为一个碾压段。

(4) 摊铺掺有粗集料的石灰土时,粗集料应均匀。

5) 碾压应符合下列规定:

(1) 铺好的石灰土应当天碾压成活。

(2) 碾压时的含水量宜在最佳含水量的允许偏差范

围内。

（3）直线和不设超高的平曲线段，应由两侧向中心碾压；设超高的平曲线段，应由内侧向外侧碾压。

（4）初压时，碾速宜为 20～30m/min，灰土初步稳定后，碾速宜为 30～40m/min。

（5）人工摊铺时，宜先用 6～8t 压路机碾压，灰土初步稳定、找补整形后，方可用重型压路机碾压。

（6）当采用碎石嵌丁封层时，嵌丁石料应在石灰土底层压实度达到 85% 时撒铺，然后继续碾压，使其嵌入底层，并保持表面有棱角外露。

6）纵、横接缝均应设直槎。接缝应符合下列规定：

（1）纵向接缝宜设在路中线处。接缝应做成阶梯形，梯级宽不应小于 1/2 层厚。

（2）横向接缝应尽量减少。

3. 质量验收

1）主控项目

（1）原材料质量检验应符合下列要求：

① 土应符合下列要求：

A. 宜采用塑性指数 10～15 的粉质黏土、黏土。

B. 土中的有机物含量宜小于 10%。

C. 使用旧路的级配砾石、砂石或杂填土等应先进行试验。级配砾石、砂石等材料的最大粒径不宜超过分层厚度的 60%，且不应大于 10cm，土中欲掺入碎砖等粒料时，粒料掺入含量应经试验确定。

② 石灰应符合下列要求：

A. 宜用 1～3 级的新灰，石灰的技术指标应符合表 3-5 的规定。

表 3-5 石灰技术指标

项目	钙质生石灰			镁质生石灰			钙质消石灰			镁质消石灰		
	等级											
	Ⅰ	Ⅱ	Ⅲ	Ⅰ	Ⅱ	Ⅲ	Ⅰ	Ⅱ	Ⅲ	Ⅰ	Ⅱ	Ⅲ
有效钙加氧化镁含量（%）	≥85	≥80	≥70	≥80	≥75	≥65	≥65	≥60	≥55	≥60	≥55	≥50
未消化残渣含量5mm圆孔筛的筛余（%）	≤7	≤11	≤17	≤10	≤14	≤20	—	—	—	—	—	—
含水量（%）	—	—	—	—	—	—	≤4	≤4	≤4	≤4	≤4	≤4
细度 0.71mm方孔筛的筛余（%）	—	—	—	—	—	—	0	≤1	≤1	0	≤1	≤1
细度 0.125mm方孔筛的筛余（%）	—	—	—	—	—	—	≤13	≤20	—	≤13	≤20	—
钙镁石灰的分类界限，氧化镁含量（%）	≤5			>5			≤4			>4		

注：硅、铝、镁氧化物含量之和大于5%的生石灰，有效钙加氧化镁含量指标，Ⅰ等≥75%，Ⅱ等≥70%，Ⅲ等≥60%，未消化残渣含量指标均与镁质生石灰指标相同。

B. 磨细生石灰，可不经消解直接使用，块灰应在使用前2～3d完成消解，未能消解的生石灰块应筛除，消解石灰的粒径不得大于10mm。

C. 对储存较久或经过雨期的消解石灰应经过试验，根据活性氧化物的含量决定能否使用和使用办法。

③ 水应符合现行国家标准《混凝土用水标准》（JGJ 63—2006）的规定。宜使用饮用水及不含油类等杂质的清洁中性水，pH值宜为6～8。

（2）基层、底层的压实度应符合下列要求：

① 城市快速路、主干路基层大于或等于97%，底基层大于或等于95%。

② 其他等级道路基层大于或等于95%，底基层大于或等于93%。

③ 基层、底基层试件7d无侧限抗压强度，应符合设计要求。

2）一般项目

（1）表面应平整、坚实，无粗细集料集中现象，无明显轮迹、推移、裂缝，接槎平顺，无贴皮、散料。

（2）基层及底基层允许偏差应符合表3-6的规定。

表3-6 石灰稳定土类、水泥稳定土类基层及底基层允许偏差

项目		允许偏差	检验频率		检验方法
			范围	点数	
中线偏位（mm）		≤20	100m	1	用经纬仪测量
纵断高程（mm）	基层	±15	20m	1	用水准仪测量
	底基层	±20			

续表

项目		允许偏差	检验频率			检验方法
			范围	点数		
平整度（mm）	基层	≤10	20m	路宽（m）	<9 : 1	用3m直尺和塞尺连续量两尺，取较大值
					9～15 : 2	
	底基层	≤15			>15 : 3	
宽度（mm）		不小于设计值+B	40m	1		用钢尺量
横坡		±0.3%且不反坡	20m	路宽（m）	<9 : 2	用水准仪测量
					9～15 : 4	
					>15 : 6	
厚度（mm）		±10	1000m²	1		用钢尺量

4．安全要点

1）施工便道、便桥确保施工的正常进行，施工期间要进行必要的维护。

2）施工现场的材料保管应依据材料性能不同，采用防雨、防潮、防晒、防冻、防火、防爆等措施。

3）对施工现场的施工设备应做好日常保养，保证机械设备的安全使用性能。

4）在存放细颗粒散体材料时应采取覆盖措施，减少粉尘飞扬，保护周围环境。

3.2.2 水泥稳定土类基层工程

1．施工要点

1）城镇道路中使用水泥稳定土类材料，宜采用搅拌厂集中拌制。

2）养护应符合下列规定：

（1）基层宜采用洒水养护，保持湿润。采用乳化沥青养护,应在其上撒布适量石屑。

(2) 养护期间应封闭交通。

(3) 常温下成活后应经7d养护,方可在其上铺筑面层。

2. 质量要点

1) 集中搅拌水泥稳定土类材料应符合下列规定:

(1) 集料应过筛,级配应符合设计要求。

(2) 混合料配合比应符合要求,计量准确,含水量应符合施工要求并搅拌均匀。

(3) 搅拌厂应向现场提供产品合格证及水泥用量,粒料级配、混合料配合比,R7强度标准值。

(4) 水泥稳定土类材料运输时,应采取措施防止水分损失。

2) 摊铺应符合下列规定:

(1) 施工前应通过试验确定压实系数,水泥土的压实系数宜为1.53~1.58;水泥稳定砂砾的压实系数宜为1.30~1.35。

(2) 宜采用专用摊铺机械摊铺。

(3) 水泥稳定土类材料自搅拌至摊铺完成,不应超过3h。应按当班施工长度计算用料量。

(4) 分层摊铺时,应在下层养护7d后,方可摊铺上层材料。

3) 碾压应符合下列规定:

(1) 应在含水量等于或略大于最佳含水量时进行。碾压找平应符合《城镇道路工程施工与质量验收规范》(CJJ 1—2008)第7.2.7条的有关规定。

(2) 宜采用12~18t压路机做初步稳定碾压,混合料初步稳定后用大于18t的压路机碾压,压至表面平整,无明显轮迹,且达到要求的压实度。

（3）水泥稳定土类材料，宜在水泥初凝前碾压成活。

（4）当使用振动压路机时，应符合环境保护和周围建筑物及地下管线、构筑物的安全要求。

4）纵、横接缝均应设直槎。接缝应符合下列规定：

（1）纵向接缝宜设在路中线处。接缝应做成阶梯形，梯级宽不应小于1/2层厚。

（2）横向接缝应尽量减少。

3. 质量验收

1）主控项目

（1）原材料质量检验应符合下列要求：

① 水泥应符合下列要求：

A. 应选用初凝时间大于3h、终凝时间不小于6h的42.5级、32.5级的普通硅酸盐水泥和矿渣硅酸盐、火山灰质硅酸盐水泥。水泥应有出厂合格证与生产日期，复验合格方可使用。

B. 水泥贮存期超过3个月或受潮，应进行性能试验，合格后方可使用。

② 土应符合下列要求：

A. 土的均匀系数不应小于5，宜大于10，塑性指数宜为10~17。

B. 土中小于0.6mm颗粒的含量应小于30%；宜选用粗粒土、中粒土。

③ 粒料应符合下列要求：

A. 级配碎石、砂砾、未筛分碎石、碎石土、砾石和煤矸石、粒状矿渣材料均可做粒料原材。

B. 当做基层时，粒料最大粒径不宜超过37.5mm。

C. 当做底基层时，粒料最大粒径；对城市快速路、主干路不应超过 37.5mm；对次干路及以下道路不应超过 53mm。

D. 各种粒料，应按其自然级配状况，经人工调整使其符合表 3-7 的规定。

表 3-7　水泥稳定土类的颗粒范围和技术指标

项目		通过质量百分率（%）			
		底基层		基层	
		次干路	城市快速路、主干路	次干路	城市快速路、主干路
筛孔尺寸（mm）	53	100	—	—	—
	37.5	—	100	100	90～100	—
	31.5	—	—	90～100	—	100
	26.5	—	—	—	66～100	90～100
	19.0	—	—	67～90	54～100	72～89
	9.5	—	—	45～68	39～100	47～67
	4.75	50～100	50～100	29～50	28～84	29～49
	2.36	—	—	18～38	20～70	17～35
	1.18	—	—	—	14～57	—
	0.6	17～100	17～100	8～22	8～47	8～22
	0.075	0～50	0～30²	0～7	0～30	0～7¹
	0.002	0～30	—	—	—	—
液限（%）		—	—	—	<28	
塑性指数		—	—	—	<9	

注：1. 集料中 0.5mm 以下细粒土有塑性指数时，小于 0.075mm 的颗粒含量不得超过 5%；细粒土无塑性指数时，小于 0.075mm 的颗粒含量不得超过 7%。

2. 当用中粒土、粗粒土作城市快速路、主干路底基层时，颗粒组成范围宜采用作次干路基层的组成。

E. 碎石、砾石、煤矸石等的压碎值：对城市快速路、主干路基层与底基层不应大于 30%；对其他道路基层不应大于 30%，对底基层不应大于 35%。

F. 集料中有机质含量不应超过 2%。

G. 集料中硫酸盐含量不应超过 0.25%。

H. 钢渣尚应符合行业标准《城镇道路工程施工与质量验收规范》(CJJ 1—2008) 第 7.4.1 条的有关规定。

④ 水应符合现行国家标准《混凝土用水标准》(JGJ 63—2006) 的规定。宜使用饮用水及不含油类等杂质的清洁中性水，pH 值宜为 6~8。

(2) 基层、底基层的压实度应符合下列要求：

① 城市快速路、主干路基层大于或等于 97%，底基层大于或等于 95%。

② 其他等级道路基层大于或等于 95%，底基层大于或等于 93%。

(3) 基层、底基层 7d 的无侧限抗压强度应符合设计要求。

2) 一般项目

(1) 表面应平整、坚实，接缝平顺，无明显粗、细集料集中现象，无推移、裂缝、贴皮、松散、浮料。

(2) 基层及底基层的偏差应符合表 3-6 的规定。

4. 安全要点

1) 当使用振动压路机时，应符合环境保护和周围建筑物及地下管线、构筑物的安全要求。

2) 装卸、撒铺及翻动粉状材料时，操作人员应站在上风侧，轻拌轻翻以减少粉尘，并应佩戴口罩或其他防护用品。散装粉状材料宜使用粉料运输车运输，否则车厢上应采用篷布遮盖。装卸尽量避免在大风天气下进行，否则应特别加强安全防护。

3) 水泥稳定土拌和机械作业时，应遵守以下规定：

(1) 对机械及配套设施进行安全检查。

(2) 皮带运输机应尽量降低供料高度,以减轻物料冲击。在停机前必须将料卸尽。

3.3 面层工程

综合性园林绿化工程中的道路面层分部工程以热拌沥青混合料面层、水泥混凝土面层为主。

3.3.1 热拌沥青混合料面层

1. 施工要点

1) 基层施工透油层或下封层后,应及时铺筑面层。

2) 各层沥青混合料应满足所在层位的功能性要求,便于施工,不得离析。各层应连续施工并连结成一体。

3) 热拌沥青混合料宜由有资质的沥青混合料集中搅拌站供应。

4) 碾压过程中,碾压轮应保持清洁,可对钢轮涂刷隔离剂或防黏剂,严禁刷柴油。当采用向碾压轮喷水(可添加少量表面活性剂)方式时,必须严格控制喷水成雾状,不得漫流。

5) 压路机不得在未碾压成形路段上转向、调头、加水或停留。在当天成形的路面上,不得停放各种机械设备或车辆,不得散落矿料、油料等杂物。

6) 热拌沥青混合料路面应待摊铺层自然降温至表面温度低于50℃后,方可开放交通。

7) 沥青混合料面层完成后应加强保护,控制交通,不得在面层上堆土或拌制砂浆。

2. 质量要点

1) 热拌沥青混合料适用于各种等级道路的面层,其种类应按集料公称最大粒径、矿料级配、空隙率划分,并应符合表 3-8 的要求。应按工程要求选择适宜的混合料规格、品种。

表 3-8 热拌沥青混合料种类

混合料类型	密级配		密级配	开级配		半开级配	公称最大粒径(mm)	最大粒径(mm)
	连续级配	间断级配	间断级配	间断级配				
	沥青混凝土	沥青稳定碎石	沥青玛琋脂碎石	排水式沥青磨耗层	排水式沥青碎石基层	沥青碎石		
特粗式	—	ATB-40	—	—	ATPB-40	—	37.5	53.0
粗粒式	—	ATB-30	—	—	ATPB-30	—	31.5	37.5
	AC-25	ATB-25	—	—	ATPB-25	—	26.5	31.5
中粒式	AC-20	—	SMA-20	—	—	AM-20	19.0	26.5
	AC-16	—	SMA-16	OGFC-16	—	AM-16	16.0	19.0
细粒式	AC-13	—	SMA-13	OGFC-13	—	AM-13	13.2	16.0
	AC-10	—	SMA-10	OGFC-10	—	AM-10	9.5	13.2
砂粒式	AC-5	—	—	—	—	—	4.75	9.5
设计空隙率(%)	3~5	3~6	3~4	>18	>18	6~12	—	—

注:设计空隙率可按配合比设计要求适当调整。

2) 沥青混合料搅拌及施工温度应根据沥青标号及黏度、气候条件、铺装层的厚度、下卧层温度确定。

(1) 普通沥青混合料搅拌及压实温度宜通过在 135~175℃条件下测定的黏度、温度曲线,按表 3-9 确定。当缺乏黏度-温度曲线数据时,可按表 3-10 的规定,结合实际情况确定混合料的搅拌及施工温度。

表 3-9　沥青混合料搅拌及压实时
适宜温度相应的黏度

黏度	适宜于搅拌的沥青混合料黏度	适宜于压实的沥青混合料黏度	测定方法
表观黏度	(0.17 ± 0.02)Pa·s	(0.28 ± 0.03)Pa·s	T0625
运动黏度	(170 ± 20)mm^2/s	(280 ± 30)mm^2/s	T0619
赛波特黏度	(85 ± 10)s	(140 ± 15)s	T0623

表 3-10　热拌沥青混合料的搅拌及施工温度（℃）

施工工序		石油沥青的强度等级			
		50号	70号	90号	110号
沥青加热温度		160～170	155～165	150～160	145～155
矿料加热温度	间隙式搅拌机	集料加热温度比沥青温度高10～30			
	连续式搅拌机	矿料加热温度比沥青温度高5～10			
沥青混合料出料温度①		150～170	145～165	140～160	135～155
混合料贮料仓贮存温度		贮料过程中温度降低不超过10			
混合料废弃温度，高于		200	195	190	185
运输到现场温度，不低于①		145～165	140～155	135～145	130～140
混合料摊铺温度，不低于①		140～160	135～150	130～140	125～135
开始碾压的混合料内部温度，不低于①		135～150	130～145	125～135	120～130
碾压终了的表面温度，不低于②		80～85	70～80	65～75	60～70
		75	70	60	55
开放交通的路表面温度，不高于		50	50	50	45

注：1. 沥青混合料的施工温度采用具有金属探测针的插入式数显温度计测量，表面温度可采用表面接触式温度计测定。当用红外线温度计测量表面温度时，应进行标定。

2. 表中未列入的130号、160号及30号沥青的施工温度由试验确定。

3. ①常温下宜用低值，低温下宜用高值。

4. ②视压路机类型而定，轮胎压路机取高值，振动压路机取低值。

(2) 聚合物改性沥青混合料搅拌及施工温度应根据实践经验经试验确定。通常宜较普通沥青混合料温度提高10~20℃。

(3) 沥青玛蹄脂碎石混合料的施工温度应经试验确定。

3) 热拌沥青混合料的摊铺应符合下列规定：

(1) 热拌沥青混合料应采用机械摊铺。摊铺温度应符合表3-10的规定。城市快速路、主干路宜采用两台以上摊铺机联合摊铺。每台机器的摊铺宽度宜小于6m。表面层宜采用多机全幅摊铺，减少施工接缝。

(2) 摊铺机应具有自动或半自动方式调节摊铺厚度及找平的装置，可加热的振动熨平板或初步振动压实装置，摊铺宽度可调整的装置等，且受料斗斗容应能保证更换运料车时连续摊铺。

(3) 采用自动调平摊铺机摊铺最下层沥青混合料时，应使用钢丝或路缘石、平石控制高程与摊铺厚度，以上各层可用导梁引导高程控制，或采用声呐平衡梁控制方式。经摊铺机初步压实的摊铺层应符合平整度、横坡的要求。

(4) 沥青混合料的最低摊铺温度应根据气温、下卧层表面温度、摊铺层厚度与沥青混合料种类经试验确定。城市快速路、主干路不宜在气温低于10℃条件下施工。

(5) 沥青混合料的松铺系数应根据混合料类型、施工机械和施工工艺等通过试验段确定，试验段长不宜小于100m。松铺系数可按照表3-11进行初选。

表3-11 沥青混合料的松铺系数

种类	机械摊铺	人工摊铺
沥青混凝土混合料	1.15~1.35	1.25~1.50
沥青碎石混合料	1.15~1.30	1.20~1.45

（6）摊铺沥青混合料应均匀、连续不间断，不得随意变换摊铺速度或中途停顿。摊铺速度宜为 2～6m/min。摊铺时螺旋送料器应不停地转动，两侧应保持有不少于送料器高度 2/3 的混合料，并保证在摊铺机全宽度断面上不发生离析。熨平板按所需厚度固定后不得随意调整。

（7）摊铺层发生缺陷应修补，并停机检查，排除故障。

（8）路面狭窄部分、平曲线半径过小的匝道或小规模工程可采用人工摊铺。

4）热拌沥青混合料的压实应符合下列规定：

（1）应选择合理的压路机组合方式及碾压步骤，以达到最佳碾压结果。沥青混合料宜采用钢筒式压路机与轮胎压路机或振动压路机组合的方案压实。

（2）压实应按初压、复压、终压（包括成形）3 个阶段进行。压路机应以慢而均匀的速度碾压，压路机的碾压速度宜符合表 3-12 的规定。

表 3-12 压路机碾压速度（km/h）

压路机类型	初压		复压		终压	
	适宜	最大	适宜	最大	适宜	最大
钢筒式压路机	1.5～2	3	2.5～3.5	5	2.5～3.5	5
轮胎压路机			3.5～4.5	6	4～6	8
振动压路机	1.5～2（静压）	5（静压）	1.5～2（振动）	1.5～2（振动）	2～3（静压）	5（静压）

（3）初压应符合下列要求：

① 初压温度应符合表 3-10 的有关规定，以能稳定混合料，且不产生推移、发裂为度。

② 碾压应从外侧向中心碾压，碾速稳定均匀。

③ 初压应采用轻型钢筒式压路机碾压 1～2 遍。初压后

应检查平整度、路拱，必要时应修整。

（4）复压应紧跟初压连续进行，并应符合下列要求：

① 复压应连续进行。碾压段长度宜为 60～80m。当采用不同型号的压路机组合碾压时，每一台压路机均应做全幅碾压。

② 密级配沥青混凝土宜优先采用重型的轮胎压路机进行碾压，碾压到要求的压实度为止。

③ 对大粒径沥青稳定碎石类的基层，宜优先采用振动压路机复压。厚度小于 30mm 的沥青层不宜采用振动压路机碾压。相邻碾压带重叠宽度宜为 10～20cm。振动压路机折返时应先停止振动。

④ 采用三轮钢筒式压路机时，总质量不宜小于 12t。

⑤ 大型压路机难于碾压的部位，宜采用小型压实工具进行压实。

（5）终压温度应符合表 3-10 的有关规定。终压宜选用双轮钢筒式压路机，碾压至无明显轮迹为止。

5）SMA 和 OGFC 混合料的压实应符合下列规定：

（1）SMA 混合料宜采用振动压路机或钢筒式压路机碾压。

（2）SMA 混合料不宜采用轮胎压路机碾压。

（3）OGFC 混合料宜用 12t 以上的钢筒式压路机碾压。

6）接缝应符合下列规定：

（1）沥青混合料面层的施工接缝应紧密、平顺。

（2）上、下层的纵向热接缝应错开 15cm；冷接缝应错开 30～40cm。相邻两幅及上下层的横向接缝均应错开 1m 以上。

（3）表面层接缝应采用直槎，以下各层可采用斜接槎，层较厚时也可做阶梯形接槎。

（4）对冷接槎施作前，应在槎面涂少量沥青并预热。

3. 质量验收

1）强制性条文

（1）沥青混合料面层不得在雨、雪天气及环境最高温度低于5℃时施工。

（2）热拌沥青混合料路面应待摊铺层自然降温至表面温度低于50℃后，方可开放交通。

2）主控项目

（1）道路用沥青的品种、标号应符合《城镇道路工程施工与质量验收规范》（CJJ 1—2008）第8.1节的有关规定，并应符合以下规定。

① 宜优先采用A级沥青作为道路面层使用。B级沥青可作为次干路以下道路面层使用。当缺乏所需强度等级的沥青时，可采用不同强度等级沥青掺配，掺配应经试验确定。

② 对于乳化沥青，在高温条件下宜采用黏度较大的乳化沥青，在寒冷条件下宜采用黏度较小的乳化沥青。

③ 用于透层、黏层、封层的液体石油沥青技术要求应符合《城镇道路工程施工与质量验收规范》（CJJ 1—2008）表8.1.7-3的规定。

④ 当使用改性沥青时，改性沥青的基质沥青与改性剂有良好的配伍性。

⑤ 改性乳化沥青技术要求应符合CJJ 1—2008表8.1.7-5的规定。

（2）沥青混合料所选用的粗集料、细集料、矿粉、纤维稳定剂等的质量及规格应符合《城镇道路工程施工与质量验收规范》（CJJ 1—2008）第8.1节的有关规定。

（3）热拌沥青混合料、热拌改性沥青混合料、SMA混合料，检查出厂合格证、检验报告并进场复验，拌和温度、出厂温度应符合 CJJ 1—2008 第 8.2.5 条的有关规定。

(4) 沥青混合料品质应符合马歇尔试验配合比技术要求。

(5) 热拌沥青混合料面层质量检验应符合下列规定：

① 沥青混合料面层压实度，对城市快速路、主干路不应小于 96%；对次干路及以下道路不应小于 95%。

② 面层厚度应符合设计规定，允许偏差为 −5～+10mm。

③ 弯沉值不应大于设计规定。

3) 一般项目

(1) 表面应平整、坚实，接缝紧密，无枯焦；不应有明显轮迹、推挤、裂缝、脱落、烂边、油斑、掉渣等现象，不得污染其他构筑物。面层与路缘石、平石及其他构筑物应接顺，不得有积水现象。

(2) 热拌沥青混合料面层允许偏差应符合表 3-13 的规定。

表 3-13　热拌沥青混合料面层允许偏差

项目			允许偏差	检验频率			检验方法
				范围	点数		
纵断高程（mm）			±15	20m	1		用水准仪测量
中线偏位（mm）			≤20	100m	1		用经纬仪测量
平整度（mm）	标准差 σ值	快速路、主干路	≤1.5	100m	路宽（m）	<9 : 1 9～15 : 2 >15 : 3	用测平仪检测，见注1
		次干路、支路	≤2.4				
	最大间隙	次干路、支路	≤5	20m	路宽（m）	<9 : 1 9～15 : 2 >15 : 3	用 3m 直尺和塞尺连续量取两尺，取较大值

续表

项目		允许偏差	检验频率			检验方法
			范围	点数		
宽度（mm）		不小于设计值	40m	1		用钢尺量
横坡		±0.3%且不反坡	20m	路宽(m)	<9	2	用水准仪测量
					9～15	4	
					>15	6	
井框与路面高差（mm）		≤5	每座	1		十字法，用直尺、塞尺量取最大值
抗滑	摩擦系数	符合设计要求	200m	1		摆式仪
				全线连续		横向力系数测试车
	构造深度	符合设计要求	200m	1		砂铺法
						激光构造深度仪

注：1. 测平仪为全线每车道连续检测 100m 计算标准差 σ；无测平仪时可以采用 3m 直尺检测；表中检验频率点数为测线数。
2. 平整度、抗滑性能也可采用自动检测设备进行检测。
3. 底基层表面、下面层应按设计规定用量洒泼透层油、黏层油。
4. 中面层、底面层仅进行中线偏位、平整度、宽度、横坡的检测。
5. 改性（再生）沥青混凝土路面可采用此表进行检验。
6. 采用十字法检查井框与路面高差，每座检查井均应检查，在采用十字法检查的过程中，以平行于道路中线，过检查井盖中心的直线做基线，另一条线与基线垂直，构成检查用十字线。

4．安全要点

1）施工地段必须用安全警示带或栏杆围起，竖立醒目的"禁止通行"或"绕道行驶"等标志，并设值勤人员维护交通和行人秩序。

2）沥青加热及混合料拌制，宜设在人员较少、场地空旷的地段。产量较大的拌和设备，有条件的应增设防尘设施。

3）凡是参加沥青路面施工的操作人员，必须熟悉和掌握沥青的性能、特点，按规定穿戴好工作服、风帽、口罩、风镜、手套、厚皮底工作鞋等各种防护用品，严禁穿凉鞋、布鞋、短袖衣、短裤、裙子等。

4）乳化沥青洒布车作业

（1）洒布现场应设专人警戒。

（2）施工现场的障碍物应清除干净。

（3）洒油时作业范围内不得有人。

（4）施工现场严禁使用明火。

（5）检查机械、洒布装置及防护、防火设备应齐全、有效。

（6）采用固定式喷灯向沥青箱的火管加热时，应先打开沥青箱上的烟囱口，并在液态沥青淹没火管后，方可点燃喷灯。

3.3.2 水泥混凝土面层

1. 施工要点

1）混凝土摊铺前，应完成下列准备工作：

（1）混凝土施工配合比已获监理工程师批准，搅拌站经试运转，确认合格。

（2）模板支设完毕，检验合格。

（3）混凝土摊铺、养护、成形等机具试运行合格。专用器材已准备就绪。

（4）运输与现场浇筑通道已修筑，且符合要求。

2）面层用混凝土宜选择具备资质、混凝土质量稳定的搅拌站供应。

3）混凝土铺筑前应检查下列项目：

（1）基层或砂垫层表面、模板位置、高程等符合设计要求。模板支撑接缝严密、模内洁净、隔离剂刷均匀。

（2）钢筋、预埋胀缝板的位置正确，传力杆等安装符合要求。

（3）混凝土搅拌、运输与摊铺设备，状况良好。

4）三辊轴机组铺筑应符合下列规定：

（1）三辊轴机组铺筑混凝土面层时，辊轴直径应与摊铺层厚度匹配，且必须同时配备一台安装插入式振捣器组的排式振捣机，振捣器的直径宜为50～100mm，间距不应大于其有效作用半径的1.5倍，且不得大于50cm。

（2）当面层铺装厚度小于15cm时，可采用振捣梁。其振捣频率宜为50～100Hz，振捣加速度宜为4～5g（g为重力加速度）。

（3）当一次摊铺双车道面层时，应配备纵缝拉杆插入机，并配有插入深度控制和拉杆间距调整装置。

（4）铺筑作业应符合下列要求：

① 卸料应均匀，布料应与摊铺速度相适应。

② 设有接缝拉杆的混凝土面层，应在面层施工中及时安设拉杆。

③ 三辊轴整平机分段整平的作业单元长度宜为20～30m，振捣机振实与三辊轴整平工序之间的时间间隔不宜超过15min。

（5）在一个作业单元长度内，应采用前进振动、后退静滚方式工作，最佳滚压遍数应经过试铺确定。

5）水泥混凝土面层成活后，应及时养护。可选用保湿法和塑料薄膜覆盖等方法养护。气温较高时，养护不宜少于14d；低温时，养护期不宜少于21d。

6) 昼夜温差大的地区，应采取保温、保湿的养护措施。

7) 混凝土板在达到设计强度的40%以后，方可允许行人通行。

8) 填缝应符合下列规定：

（1）混凝土板养护期满后应及时填缝，缝内残留的砂石、灰浆、杂物，应剔除干净。

（2）应按设计要求选择填缝料，并根据填缝料品种制定工艺技术措施。

（3）浇注填缝料必须在缝槽干燥状态下进行，填缝料应与混凝土缝壁黏附紧密，不渗水。

（4）填缝料的充满度应根据施工季节而定，常温施工应与路面齐平，冬期施工宜略低于板面。

9) 在面层混凝土弯拉强度达到设计强度，且填缝完成前不得开放交通。

2. 质量要点

1) 模板安装应符合下列规定：

（1）支模前应核对路面标高、面板分块、胀缝和构造物位置。

（2）模板应安装稳固、顺直、平整、无扭曲，相邻模板连接应紧密平顺，不应错位。

（3）严禁在基层上挖槽嵌入模板。

（4）使用轨道摊铺机应采用专用钢制轨模。

（5）模板安装完毕，应进行检验，合格后方可使用，其安装质量应符合表3-14的规定。

2) 采用轨道摊铺机铺筑时，最小摊铺宽度不宜小于3.75m，并应符合下列规定：

（1）应根据设计车道按表3-15的技术参数选择摊铺机。

表 3-14 模板安装允许偏差

检测项目	允许偏差			检验频率		检验方法
	三辊轴机组	轨道摊铺机	小型机具	范围	点数	
中线偏位（mm）	≤10	≤5	≤15	100m	2	用经纬仪、钢尺量
宽度（mm）	≤10	≤5	≤15	20m	1	用钢尺量
顶面高程（mm）	±5	±5	±10	20m	1	用水准仪测量
横坡（%）	±0.10	±0.10	±0.20	20m	1	用钢尺量
相邻板高差（mm）	≤1	≤1	≤2	每缝	1	用水平尺、塞尺量
模板接缝宽度（mm）	≤3	≤2	≤3	每缝	1	用钢尺量
侧面垂直度（mm）	≤3	≤2	≤4	20m	1	用水平尺、卡尺量
纵向顺直度（mm）	≤3	≤2	≤4	40m	1	用20m线和钢尺量
顶面平整度（mm）	≤1.5	≤1	≤2	每两缝间	1	用3m直尺、塞尺量

表 3-15 轨道摊铺机的基本技术参数

项目	发动机功率（kW）	最大摊铺宽度（m）	摊铺厚度（mm）	摊铺速度（m/min）	整机质量（t）
三车道轨道摊铺机	33~45	11.75~18.3	250~600	1~3	13~38
双车道轨道摊铺机	15~33	7.5~9.0	250~600	1~3	7~13

续表

项目	发动机功率（kW）	最大摊铺宽度（m）	摊铺厚度（mm）	摊铺速度（m/min）	整机质量（t）
单车道轨道摊铺机	8～22	3.5～4.5	250～450	1～4	≤7

（2）坍落度宜控制在20～40mm。不同坍落度时的松铺系数可参考表3-16确定，并按此计算出松铺高度。

表3-16　松铺系数 K 与坍落度 S_L 的关系

坍落度 S_L（mm）	5	10	20	30	40	50	60
松铺系数 K	1.30	1.25	1.22	1.19	1.17	1.15	1.12

（3）当施工钢筋混凝土面层时，宜选用两台箱型轨道摊铺机分两层两次布料。下层混凝土的布料长度应根据钢筋网片长度和混凝土凝结时间确定，且不宜超过20m。

（4）振实作业应符合下列要求：

① 轨道摊铺机应配备振捣器组，当面板厚度超过150mm，坍落度小于30mm时，必须插入振捣。

② 轨道摊铺机应配备振动梁或振动板对混凝土表面进行振捣和修整。使用振动板振动提浆饰面时，提浆厚度宜控制在（4±1）mm。

（5）面层表面整平时，应及时清除余料，用抹平板完成表面整修。

3）人工小型机具施工水泥混凝土路面层，应符合下列规定：

（1）混凝土松铺系数宜控制在1.10～1.25。

（2）摊铺厚度达到混凝土板厚的 2/3 时，应拔出模内钢钎，并填实钎洞。

（3）混凝土面层分两次摊铺时，上层混凝土的摊铺应在下层混凝土初凝前完成，且下层厚度宜为总厚的 3/5。

（4）混凝土摊铺与钢筋网、传力杆及边缘角隅钢筋的安放相配合。

（5）一块混凝土板应一次连续浇筑完毕。

（6）混凝土使用插入式振捣器振捣时，不应过振，且振动时间不宜少于 30s，移动间距不宜大于 50cm。使用平板振捣器振捣时应重叠 10～20cm，振捣器行进速度应均匀一致。

4）混凝土面层应拉毛、压痕或刻痕，其平均纹理深度应为 1～2mm。

5）横缝施工应符合下列规定：

（1）胀缝间距应符合设计规定，缝宽宜为 20mm。在与结构物衔接处、道路交叉处和填挖土方变化处，应设胀缝。

（2）胀缝上部的预留填缝空隙，宜用提缝板留置。提缝板应直顺，与胀缝密合、垂直于面层。

（3）缩缝应垂直板面，宽度宜为 4～6mm。切缝深度：设传力杆时，不应小于面层厚的 1/3，且不得小于 70mm；不设传力杆时，不应小于面层厚的 1/4，且不应小于 60mm。

（4）机切缝时，宜在水泥混凝土强度达到设计强度的 25%～30%时进行。

3. 质量验收

1）主控项目

（1）水泥品种、级别、质量、包装、贮存，应符合现行国家有关标准的规定。

水泥应符合下列规定:

① 重交通以上等级道路、城市快速路、主干路应采用42.5级以上的道路硅酸盐水泥或硅酸盐水泥,其强度等级不宜低于32.5级。水泥应有出厂合格证(含化学成分、物理指标),并经复验合格,方可使用。

② 不同等级、厂牌、品种、出厂日期的水泥不得混存、混用。出厂期超过3个月或受潮的水泥,必须经过试验,合格后方可使用。

③ 用于不同交通等级道路面层水泥的弯拉强度、抗压强度最小值应符合表3-17的规定。

表3-17 道路面层水泥的弯拉强度、抗压强度最小值

道路等级	特重交通		重交通		中、轻交通	
龄期(d)	3	28	3	28	3	28
抗压强度(MPa)	25.5	57.5	22.0	52.5	16.0	42.5
弯拉强度(MPa)	4.5	7.5	4.0	7.0	3.5	6.5

④ 水泥的化学成分、物理指标应符合表3-18的规定。

表3-18 各交通等级路面用水泥的化学成分和物理指标

水泥性能	特重、重交通	中、轻交通
铝酸三钙	不宜大于7.0%	不宜大于9.0%
铁铝酸四钙	不宜小于15.0%	不宜小于12.0%
游离氧化钙	不宜大于1.0%	不宜大于1.5%
氧化镁	不宜大于60%	不宜大于6.0%
三氧化硫	不宜大于3.5%	不宜大于4.0%

续表

水泥性能	特重、重交通	中、轻交通
碱含量	≤0.6%	怀疑有碱活性集料时，≤0.6%；无碱活性集料时，≤1.0%
混合材种类	不得掺窑灰、煤矸石、火山灰和黏土，有抗盐冻要求时不得掺石灰、石粉	
出磨时安定性	雷氏夹法或蒸煮法检验必须合格	蒸煮法检验必须合格
标准稠度需水量	不宜大于28%	不宜大于30%
烧失量	不得大于3.0%	不得大于5.0%
比表面积	宜在300~450m²/kg	
细度（80μm）	筛余量≤10%	
初凝时间	≥1.5h	
终凝时间	≤10h	
28d干缩率	不得大于0.09%	不得大于0.10%
耐磨性	≤3.6kg/m²	

注：28d干缩率和耐磨性试验方法采用现行国家标准《道路硅酸盐水泥》（GB/T 13693—2017）。

（2）混凝土中掺加外加剂的质量应符合现行国家标准《混凝土外加剂》（GB 8076—2008）和《混凝土外加剂应用技术规范》（GB 50119—2013）的规定。

（3）钢筋品种、规格、数量、下料尺寸及质量应符合设计要求及现行国家有关标准的规定。

（4）钢纤维的规格质量应符合设计要求及《城镇道路工程施工与质量验收规范》（CJJ 1—2008）第10.1.7条的有关规定。

(5) 粗集料、细集料应符合《城镇道路工程施工与质量验收规范》(CJJ 1—2008) 第 10.1.2、10.1.3 条的有关规定。

(6) 水应符合《城镇道路工程施工与质量验收规范》(CJJ 1—2008) 第 7.2.1 条第 3 款的规定。

(7) 混凝土弯拉强度应符合设计要求。

(8) 混凝土面层厚度应符合设计规定，允许误差为 ±5mm。

(9) 抗滑构造深度应符合设计要求。

2) 一般项目

(1) 水泥混凝土面层应板面平整、密实，边角应整齐、无裂缝，并不应有石子外露和浮浆、脱皮、踏痕、积水等现象，蜂窝麻面面积不得大于总面积的 0.5%。

(2) 伸缩缝应垂直、直顺，缝内不应有杂物。伸缩缝在规定的深度和宽度范围内应全部贯通，传力杆应与缝面垂直。

(3) 混凝土路面允许偏差应符合表 3-19 的规定。

表 3-19 混凝土路面允许偏差

项目		允许偏差或规定值		检验频率		检验方法
		城市快速路、主干路	次干路、支路	范围	点数	
纵断高程 (mm)		±15		20m	1	用水准仪测量
中线偏位 (mm)		≤20		100m	1	用经纬仪测量
平整度	标准差 σ (mm)	≤1.2	≤2	100m	1	用测平仪检测
	最大间隙 (mm)	≤3	≤5	20m	1	用 3m 直尺和塞尺连续量两尺，取较大值
宽度 (mm)		0 −20		40m	1	用钢尺量

续表

项目	允许偏差或规定值		检验频率		检验方法
	城市快速路、主干路	次干路、支路	范围	点数	
横坡（%）	±0.30%且不反坡		20m	1	用水准仪测量
井框与路面高差（mm）	≤3		每座	1	十字法、用直尺和塞尺量，取最大值
相邻板高差（mm）	≤3		20m	1	用钢板尺和塞尺量
纵缝直顺度（mm）	≤10		100m	1	用20m线和钢尺量
横缝直顺度（mm）	≤10		40m	1	
蜂窝麻面面积①（%）	≤2		20m	1	观察和用钢板尺量

注：每20m查1块板的侧面。

4. 安全要点

1）按规定正确使用防护用具，防护用具与安全防护设施要定期检查，不符合安全要求的严禁使用。

2）施工现场的填挖交界处、高边坡等危险处应有防护设施和明显的安全标志；边坡边沿不得摆放材料、机械设备等。

3）调整机械、电气时，操作人员要严格按规程操作，非专业人员不得进行操作。

第4章 园林给排水工程

园林给排水工程可分为土方工程、管道主体工程、附属构筑物工程三个分部工程。

4.1 土方工程

综合性园林绿化工程中的给排水工程中土方分部工程可分为沟槽开挖与沟槽回填。

4.1.1 沟槽开挖

1. 施工要点

1）建设单位应向施工单位提供施工影响范围内地下管线（构筑物）及其他公共设施资料，施工单位应采取措施加以保护。

2）沟槽断面的选择与确定应符合下列规定：

（1）槽底宽、槽深、分层开挖高度、各层边坡及层间留台宽度等，应方便管道结构施工，确保施工质量和安全，并尽可能减少挖方和占地。

（2）做好土（石）方平衡调配，尽可能避免重复挖运；大断面深沟槽开挖时，应编制专项施工方案。

（3）沟槽外侧应设置截水沟及排水沟，防止雨水浸泡沟槽。

3）对有地下水影响的土方施工，应根据工程规模、工程地质、水文地质、周围环境等要求，制定施工降排水方案。

4）沟槽开挖与支护的施工方案主要内容应包括：

（1）沟槽施工平面布置图及开挖断面图。

（2）沟槽形式、开挖方法及堆土要求。

（3）无支护沟槽的边坡要求；有支护沟槽的支撑型式、结构、支拆方法及安全措施。

（4）施工设备机具的型号、数量及作业要求。

（5）不良土质地段沟槽开挖时采取的护坡和防止沟槽坍塌的安全技术措施。

（6）施工安全、文明施工、沿线管线及构（建）筑物保护要求等。

5）沟槽每侧临时堆土或施加其他荷载时，应符合下列规定：

（1）不得影响建（构）筑物、各种管线和其他设施的安全。

（2）不得掩埋消火栓、管道闸阀、雨水口、测量标志以及各种地下管道的井盖，且不得妨碍其正常使用。

（3）堆土距沟槽边缘不小于0.8m，且高度不应超过1.5m；沟槽边堆置土方不得超过设计堆置高度。

6）沟槽挖深较大时，应确定分层开挖的深度，并符合下列规定：

（1）人工开挖沟槽的槽深超过3m时应分层开挖，每层的深度不应超过2m。

（2）人工开挖多层沟槽的层间留台宽度：放坡开槽时不应小于0.8m，直槽时不应小于0.5m，安装井点设备时不应小于1.5m。

（3）采用机械挖槽时，沟槽分层的深度按机械性能确定。

2. 质量要点

1) 沟槽底部的开挖宽度，应符合设计要求；当设计无要求时，可按公式（4.1.1）计算确定：

$$B = D_0 + 2(b_1 + b_2 + b_3) \quad (4.1.1)$$

式中 B——管道沟槽底部的开挖宽度（mm）；

D_0——管道外径（mm）；

b_1——管道一侧的工作面宽度（mm），可按表 4-1 选取；

b_2——有支撑要求时，管道一侧的支撑厚度，可取 150～200mm；

b_3——现场浇筑混凝土或钢筋混凝土管渠一侧模板厚度（mm）。

表 4-1 管道一侧的工作面宽度

管道结构的外缘宽度 D_0 (mm)	管道一侧的工作面宽度 b_1 (mm)		金属类管道、化学类建材管道
	混凝土类管道		
$D_0 \leqslant 500$	刚性接口	400	300
	柔性接口	300	
$500 < D_0 \leqslant 1000$	刚性接口	500	400
	柔性接口	400	
$1000 < D_0 \leqslant 1500$	刚性接口	700	500
	柔性接口	500	
$1500 < D_0 \leqslant 3000$	刚性接口	800～1000	700
	柔性接口	600	

注：1. 槽底需设排水沟时，b_1 应适当增加。

2. 管道有现场施工的外防水层时，b_1 宜取 800mm。

3. 采用机械回填管道侧面时，b_1 需满足机械作业的宽度要求。

2）沟槽的开挖应符合下列规定：

（1）沟槽的开挖断面应符合施工组织设计（方案）的要求。槽底原状地基土不得扰动，机械开挖时槽底预留 200～300mm 土层由人工开挖至设计高程，整平。

（2）槽底不得受水浸泡或受冻，槽底局部扰动或受水浸泡时，宜采用天然级配砂砾石或石灰土回填；槽底扰动土层为湿陷性黄土时，应按设计要求进行地基处理。

（3）槽底土层为杂填土、腐蚀性土时，应全部挖除并按设计要求进行地基处理。

（4）槽壁平顺，边坡坡度符合施工方案的规定。

（5）在沟槽边坡稳固后设置供施工人员上下沟槽的安全梯。

3．质量验收

1）强制性条文

给排水管道工程施工质量控制应符合下列规定：

（1）各分项工程应按照施工技术标准进行质量控制，每分项工程完成后，必须进行检验。

（2）相关各分项工程之间，必须进行交接检验，所有隐蔽分项工程必须进行隐蔽验收，未经检验或验收不合格不得进行下道分项工程。

2）主控项目

（1）原状地基土不得扰动、受水浸泡或受冻。

（2）地基承载力应满足设计要求。

（3）进行地基处理时，压实度、厚度满足设计要求。

3）一般项目

沟槽开挖允许偏差应符合表 4-2 的规定。

4．安全要点

1）施工单位应对地下管线（构筑物）及其公共设施采取措施加以保护。

表 4-2 沟槽开挖允许偏差

序号	检查项目	允许偏差（mm）		检查数量		检查方法
				范围	点数	
1	槽底高程	土方	±20	两井之间	3	用水准仪测量
		石方	+20、−200			
2	槽底中线每侧宽度	不小于规定		两井之间	6	挂中线用钢尺量测，每侧计3点
3	沟槽边坡	不陡于规定		两井之间	6	用坡度尺量测，每侧计3点

2）沟槽的开挖、支护方式应根据工程地质条件、施工方法、周围环境等要求进行技术经济比较，确保施工安全和环境保护要求。

3）沟槽每侧临时堆土或施加其他荷载时，应符合4.1.1中的规定要求。

4.1.2 沟槽回填

1. 施工要点

1）沟槽回填管道应符合以下规定：

（1）压力管道水压试验前，除接口外，管道两侧及管顶以上回填高度不应小于 0.5m。水压试验合格后，应及时回填沟槽的其余部分。

（2）无压管道在闭水或闭气试验合格后应及时回填。

2）管道沟槽回填应符合下列规定：

(1) 沟槽内砖、石、木块等杂物清除干净。

(2) 沟槽内不得有积水。

(3) 保持降排水系统正常运行,不得带水回填。

3) 井室、雨水口及其他附属构筑物周围回填应符合下列规定:

(1) 井室周围的回填,应与管道沟槽回填同时进行;不便同时进行时,应留台阶形接槎。

(2) 井室周围回填压实时应沿井室中心对称进行,且不得漏夯。

(3) 回填材料压实后应与井壁紧贴。

(4) 路面范围内的井室周围,应采用石灰土、砂、砂砾等材料回填,其回填宽度不宜小于400mm。

(5) 严禁在槽壁取土回填。

4) 刚性管道沟槽回填的压实作业应符合下列规定:

(1) 回填压实应逐层进行,且不得损伤管道。

(2) 管道两侧和管顶以上500mm范围内胸腔夯实,应采用轻型压实机具,管道两侧压实面的高差不应超过300mm。

(3) 管道基础为土弧基础时,应填实管道支撑角范围内腋角部位;压实时,管道两侧应对称进行,且不得使管道位移或损伤。

(4) 同一沟槽中有双排或多排管道的基础底面位于同一高程时,管道之间的回填压实应与管道与槽壁之间的回填压实对称进行。

(5) 同一沟槽中有双排或多排管道但基础底面的高程不同时,应先回填基础较低的沟槽;回填至较高基础底面高程后,再按上一款规定回填。

(6) 分段回填压实时,相邻段的接槎应呈台阶形,且不得漏夯。

（7）采用轻型压实设备时，应夯夯相连；采用压路机时，碾压的重叠宽度不得小于200mm。

（8）采用压路机、振动压路机等压实机械压实时，其行驶速度不得超过2km/h。

（9）接口工作坑回填时，底部凹坑应先回填压实到管底，然后与沟槽同步回填。

5）柔性管道的沟槽回填作业应符合下列规定：

（1）回填前，检查管道有无损伤或变形，有损伤的管道应修复或更换。

（2）管内径大于800mm的柔性管道，回填施工中应在管内设有竖向支撑。

（3）管基有效支承角范围宜用中粗砂填充密实，与管壁紧密接触，不得用土或其他材料填充。

（4）管道半径以下回填时，应采取防止管道上浮、位移的措施。

（5）管道回填时间宜在一昼夜中气温最低时段，从管道两侧同时回填，同时夯实。

（6）沟槽回填从管底基础部位开始到管顶以上500mm范围内，必须采用人工回填；管顶500mm以上部位，可用机械从管道轴线两侧同时夯实；每层回填高度应不大于200mm。

（7）管道位于车行道下，铺设后即修筑路面；管道位于软土地层以及低洼、沼泽、地下水位高地段时，沟槽回填宜先用中、粗砂将管底腋角部位填充密实后，再用中、粗砂分层回填到管顶以上500mm。

（8）回填作业的现场试验段长度应为一个井段或不少于

50m，因工程因素变化改变回填方式时，应重新进行现场试验。

6）管道埋设的最小管顶覆土厚度应符合设计要求，且满足当地冻土层厚度要求；管顶覆土回填压实度达不到设计要求时应与设计协商进行处理。

2. 质量要点

1）除设计有要求外，回填材料应符合下列规定：

（1）采用土回填时，应符合下列规定：

① 槽底至管顶以上500mm范围内，土中不得含有机物、冻土以及大于50mm的砖、石等硬块；在抹带接口处、防腐绝缘层或电缆周围，应采用细粒土回填。

② 回填土的含水量，宜按土类和采用的压实工具控制在最佳含水率±2%范围内。

（2）采用石灰土、砂、砂砾等材料回填时，其质量应符合设计要求或有关标准规定。

2）每层回填土的虚铺厚度，应根据所采用的压实机具按表4-3的规定选取。

表4-3 每层回填的虚铺厚度

压实机具	虚铺厚度（mm）
木夯、铁夯	≤200
轻型压实设备	200~250
压路机	200~300
振动压路机	≤400

3）回填土或其他回填材料运入槽内时不得损伤管道及其接口，并应符合下列规定：

（1）根据每层虚铺厚度的用量将回填材料运至槽内，且不得在影响压实的范围内堆料。

（2）管道两侧和管顶以上500mm范围内的回填材料，

应由沟槽两侧对称运入槽内，不得直接回填在管道上；回填其他部位时，应均匀运入槽内，不得集中推入。

（3）需要拌和的回填材料，应在运入槽内前拌和均匀，不得在槽内拌和。

4）回填作业每层土的压实遍数，应按压实度要求、压实工具、虚铺厚度和含水量，经现场试验确定。

5）采用重型压实机械压实或较重车辆在回填土上行驶时，管道顶部以上应有一定厚度的压实回填土，其最小厚度应按压实机械的规格和管道的设计承载力，通过计算确定。

6）柔性管道回填至设计高程时，应在 12~24h 内测量并记录管道变形率，变形率应符合设计要求；设计无要求时，钢管或球墨铸铁管道变形率应不超过 2%，化学建材管道变形率应不超过 3%；当超过时，应采取下列处理措施：

（1）钢管或球墨铸铁管道变形率超过 2%，但不超过 3%时；化学建材管道变形率超过 3%，但不超过 5%时：

① 挖出回填材料至露出管径 85%处，管道周围内应人工挖掘以避免损伤管壁。

② 挖出管节局部有损伤时，应进行修复或更换。

③ 重新夯实管道底部的回填材料。

④ 根据《给水排水管道工程施工及验收规范》（GB 50268—2008）第 4.5.11 条的规定，选用适合回填材料重新回填施工，直至设计高程。

⑤ 按本条规定重新检测管道的变形率。

（2）钢管或球墨铸铁管道的变形率超过 3%时，化学建材管道变形率超过 5%时，应挖出管道，并会同设计单位研究处理。

3．质量验收

1）主控项目

（1）回填材料符合设计要求。

（2）沟槽不得带水回填，回填应密实。

（3）柔性管道的变形率不得超过设计要求或《给水排水管道工程施工及验收规范》（GB 50268—2008）第 4.5.12 条规定，管壁不得出现纵向隆起、环向扁平和其他变形情况。

（4）回填土压实度应符合设计要求，当设计无要求时，应符合表 4-4、表 4-5 的规定。柔性管道沟槽回填部位与压实度如图 4-1 所示。

表 4-4　刚性管道沟槽回填土压实度

序号	项目		最低压实度（%）		检查数量		检查方法
			重型击实标准	轻型击实标准	范围	点数	
1	石灰土类垫层		93	95	100m		用环刀法检查或采用现行国家标准《土工试验方法标准》（GB/T 50123—2019）中其他方法
2	沟槽在路基范围外	胸腔部分 管侧	87	90	两井之间或 1000m²	每层每侧一组（每组3点）	
		胸腔部分 管顶以上500mm	87±2（轻型）				
		其余部分	≥90（轻型）或按设计要求				
		农田或绿地范围表层500mm范围内	不宜压实，预留沉降量，表面整平				

续表

序号	项目			最低压实度（%）		检查数量		检查方法
				重型击实标准	轻型击实标准	范围	点数	
3	沟槽在路基范围内	胸腔部分	管侧	87	90	两井之间或1000m²	每层每侧一组（每组3点）	用环刀法检查或采用现行国家标准《土工试验方法标准》（GB/T 50123—2019）中其他方法
			管顶以上250mm	87±2（轻型）				
		由路槽底算起的深度范围（mm） ≤800	快速路及主干路	95	98			
			次干路	93	95			
			支路	90	92			
		>800~1500	快速路及主干路	93	95			
			次干路	90	92			
			支路	87	90			
		>1500	快速路及主干路	87	90			
			次干路	87	90			
			支路	87	90			

注：表中重型击实标准的压实度和轻型击实标准的压实度，分别以相应的标准击实试验法求得的最大干密度为100%。

表 4-5 柔性管道沟槽回填土压实度

槽内部位		压实度（%）	回填材料	检查数量		检查方法
				范围	点数	
管道基础	管底基础	≥90	中、粗砂	—		用环刀法检查或采用现行国家标准《土工试验方法标准》（GB/T 50123—2019）中其他方法
	管道有效支撑角范围	≥95		每100m	每层每侧一组（每组3点）	
管道两侧		≥95	中、粗砂、碎石屑，最大粒径小于40mm的砂砾或符合要求的原土	两井之间或每1000m²		
管顶以上500mm	管道两侧	≥90				
	管道上部	85±2				
管顶500mm以上		≥90	原土回填			

注：回填土的压实度，除设计要求用重型击实标准外，其他皆以轻型击实标准试验获得最大干密度为100%。

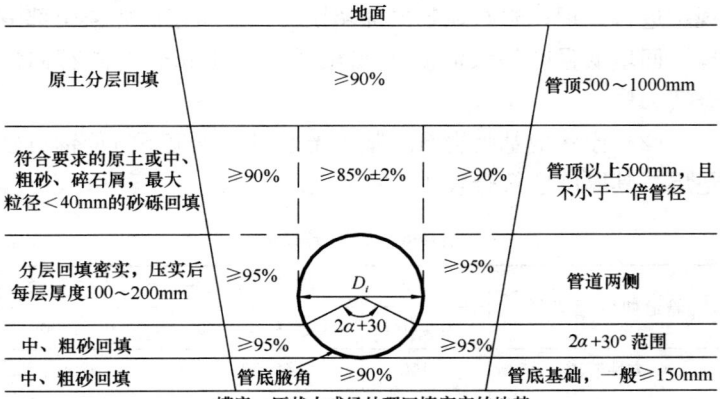

图 4-1 柔性管道沟槽回填部位与压实度示意图

2) 一般项目

(1) 回填应达到设计高程，表面应平整。

(2) 回填时管道及附属构筑物无损伤、沉降、位移。

4.2 管道主体工程

综合性园林绿化工程中的管道主体工程中有管道基础、化学建材管道接口连接安装、管道铺设等分项工程。

4.2.1 管道基础工程

1. 施工要点

管道基础施工时,注意对沟槽的保护。

2. 质量要点

1) 管道基础采用原状地基时,施工应符合下列规定:

(1) 原状土地基局部超挖或扰动时应按《给水排水管道工程施工及验收规范》(GB 50268—2008) 第 4.4 节的有关规定进行处理;岩石地基局部超挖时,应将基底碎渣全部清理,回填低强度等级混凝土或粒径 10~15mm 的砂石回填夯实。

(2) 原状地基为岩石或坚硬土层时,管道下方应铺设砂垫层,其厚度应符合表 4-6 的规定。

表 4-6 砂垫层厚度

管道种类/管外径	垫层厚度 (mm)		
	$D_0 \leqslant 500$	$500 < D_0 \leqslant 1000$	$D_0 > 1000$
柔性管道	$\geqslant 100$	$\geqslant 150$	$\geqslant 200$
柔性接口的刚性管道	150~200		

(3) 非永冻土地区,管道不得铺设在冻结的地基上;管道安装过程中,应防止地基冻胀。

2) 砂石基础施工应符合下列规定:

（1）铺设前应先对槽底进行检查，槽底高程及槽宽须符合设计要求，且不应有积水和软泥。

（2）柔性管道的基础结构设计无要求时，宜铺设厚度不小于100mm的中粗砂垫层。软土地基宜铺垫一层厚度不小于150mm的砂砾或5～40mm粒径碎石，其表面再铺厚度不小于50mm的中、粗砂垫层。

（3）柔性接口的刚性管道的基础结构，设计无要求时一般土质地段可铺设砂垫层，亦可铺设25mm以下粒径碎石、表面再铺20mm厚的砂垫层（中、粗砂），垫层总厚度应符合表4-7的规定。

表4-7 刚性管道砂石垫层总厚度（mm）

管径（D_0）	垫层总厚度
300～800	150
900～1200	200
1350～1500	250

（4）管道有效支承角范围必须用中、粗砂填充插捣密实，与管底紧密接触，不得用其他材料填充。

3. 质量验收

1）主控项目

（1）原状地基的承载力符合设计要求。

（2）混凝土基础的强度符合设计要求。

（3）砂石基础的压实度符合设计要求或《给水排水管道工程施工及验收规范》（GB 50268—2008）规定。

2）一般项目

（1）原状地基、砂石基础与管道外壁间接触均匀，无空隙。

（2）混凝土基础外光内实，无严重缺陷；混凝土基础的钢筋数量、位置正确。

（3）管道基础的允许偏差应符合表 4-8 的规定。

表 4-8　管道基础的允许偏差

序号	检查项目			允许偏差（mm）	检查数量		检查方法
					范围	点数	
1	垫层	中线每侧宽度		不小于设计要求	每个验收批	每10m测1点，且不少于3点	挂中心线钢尺检查，每侧一点
		高程	压力管道	±30			水准仪测量
			无压管道	0，－15			
		厚度		不小于设计要求			钢尺量测
2	混凝土基础、管座	平基	中线每侧宽度	+10，0			挂中心线钢尺量测每侧一点
			高程	0，－15			水准仪测量
			厚度	不小于设计要求			钢尺量测
		管座	肩宽	+10，－5			钢尺量测，挂高程线钢尺量测，每侧一点
			肩高	±20			
3	土（砂及砂砾）基础	高程	压力管道	±30			水准仪测量
			无压管道	0，－15			
		平基厚度		不小于设计要求			钢尺量测
		土弧基础腋角高度		不小于设计要求			钢尺量测

4.2.2 化学建材管道接口连接安装工程

1. 施工要点

1) 管道各部位结构和构造形式、所用管节、管件及主要工程材料等应符合设计要求。

2) 管节及管件装卸时应轻装轻放,运输时应垫稳、绑牢,不得相互撞击,接口及钢管的内外防腐层应采取保护措施。

金属管、化学建材管及管件吊装时,应采用柔韧的绳索、兜身吊带或专用工具;采用钢丝绳或铁链时不得直接接触管节。

3) 化学建材管节、管件贮存、运输过程中应采取防止变形措施,并符合下列规定:

(1) 长途运输时,可采用套装方式装运,套装的管节间应设有衬垫材料,并应相对固定,严禁在运输过程中发生管与管之间、管与其他物体之间的碰撞。

(2) 管节、管件运输时,全部直管宜设有支架,散装件运输应采用带挡板的平台和车辆均匀堆放,承插口管节及管件应分插口、承口两端交替堆放整齐,两侧加支垫,保持平稳。

(3) 管节、管件搬运时,应小心轻放,不得抛、摔、拖管以及受剧烈撞击和被锐物划伤。

(4) 管节、管件应堆放在温度一般不超过40℃,并远离热源及带有腐蚀性试剂或溶剂的地方;室外堆放不应长期露天暴晒。堆放高度不应超过2.0m,堆放附近应有消防设施(备)。

4) 橡胶圈贮存运输应符合下列规定:

(1) 贮存的温度宜为-5~30℃,存放位置不宜长期受紫外线光源照射，离热源距离不应小于1m。

（2）不得将橡胶圈与溶剂、易挥发物、油脂或对橡胶产生不良影响的物品放在一起。

（3）在贮存、运输过程中不得长期受挤压。

5）管道安装前，宜将管节、管件按施工方案的要求摆放，摆放的位置应便于起吊及运送。

6）冬期施工不得使用冻硬的橡胶圈。

7）地面坡度大于18%，且采用机械法施工时，应采取措施防止施工设备倾翻。安装柔性接口的管道，其纵坡大于18%时，或安装刚性接口的管道，其纵坡大于36%时，应采取防止管道下滑的措施。

2. 质量要点

1）管节及管件的规格、性能应符合国家相关标准规定和设计要求，进入施工现场时其外观质量应符合下列规定：

（1）不得有影响结构安全、使用功能及接口连接的质量缺陷。

（2）内、外壁光滑、平整、无气泡、无裂纹、无脱皮和严重的冷斑及明显的痕纹、凹陷。

（3）管节不得有异向弯曲，端口应平整。

2）管道连接应符合下列规定：

（1）承插式柔性连接、套筒（带或套）连接、法兰连接、卡箍连接等方法采用的密封件、套筒件、法兰、紧固件等配套管件，必须由管节生产厂家配套供应；电熔连接、热熔连接应采用专用电气设备、挤出焊接设备和工具进行施工。

（2）管道连接时必须对连接部位、密封件、套筒等配件清理干净，套筒（带或套）连接、法兰连接、卡箍连接用的钢制套筒、法兰、卡箍、螺栓等金属制品应根据现场土质并参照相关标准采取防腐措施。

（3）承插式柔性接口连接宜在当日温度较高时进行，插口端不宜插到承口底部，应留出不小于10mm的伸缩空隙，插入前应在插口端外壁做出插入深度标记；插入完毕后，承插口周围空隙均匀，连接的管道平直。

（4）电熔连接、热熔连接、套筒（带或套）连接、法兰连接、卡箍连接应在当日温度较低或接近最低时进行；电熔连接、热熔连接时电热设备的温度控制、时间控制，挤出焊接时对焊接设备的操作等，必须严格按接头的技术指标和设备的操作程序进行；接头处应有沿管节圆周平滑对称的外翻边，内翻边铲平。

（5）管道与井室宜采用柔性连接，连接方式符合设计要求；设计无要求时，可采用承插管件连接或中介层做法。

（6）管道系统设置的弯头、三通、变径处应采用混凝土支墩或金属卡箍拉杆等技术措施；在消火栓及闸阀的底部应加垫混凝土支墩；非锁紧型承插连接管道，每根管节应有3点以上的固定措施。

（7）安装完的管道中心线及高程调整合格后，将管底有效支撑角范围用中、粗砂回填密实，不得用土或其他材料回填。

3. 质量验收

1）强制性条文

（1）给水排水管道工程所用的原材料、半成品、成品等产品的品种、规格、性能必须符合国家有关标准的规定和设计要求；接触饮用水的产品必须符合有关卫生要求。严禁使用国家明令淘汰、禁用的产品。

（2）工程所用的管材、管道附件、构（配）件和主要原材料等产品进入施工现场时必须进行进场验收并妥善保管。进场验收时应检查每批产品的订购合同、质量合格证书、性能检验报告、使用说明书、进口产品的商检报告及证件等，并按国家有关标准规定进行复验，验收合格后方可使用。

（3）给水排水管道工程施工质量控制应符合下列规定：

① 各分项工程应按照施工技术标准进行质量控制，每分项工程完成后，必须进行检验；

② 相关各分项工程之间，必须进行交接检验，所有隐蔽分项工程必须进行隐蔽验收，未经检验或验收不合格不得进行下道分项工程。

2）主控项目

（1）管节及管件的规格、性能应符合国家相关标准的规定和设计要求，进入施工现场时其外观质量应符合下列规定：

① 内、外径偏差、承口深度（安装标记环）、有效长度、管壁厚度、管端面垂直度等应符合产品标准规定。

② 内、外表面应光滑平整，无划痕、分层、针孔、杂质、破碎等现象。

③ 管端面应平齐、无毛刺等缺陷。

④ 柔性接口形式应符合设计要求，橡胶圈应符合下列规定：

A. 材质应符合相关规范的规定。

B. 应由管材厂配套供应。

C. 外观应光滑平整，不得有裂缝、破损、气孔、重皮等缺陷。

D. 每个橡胶圈的接头不得超过 2 个。

(2) 承插、套筒式连接时,承口、插口部位及套筒连接紧密,无破损、变形、开裂等现象;插入后胶圈应位置正确,无扭曲等现象;双道橡胶圈的单口水压试验合格。

(3) 聚乙烯管接口熔焊连接应符合下列规定:

①焊缝应完整,无缺损和变形现象;焊缝连接应紧密,无气孔、鼓泡和裂缝;电熔连接的电阻丝不裸露。

②熔焊焊缝焊接力学性能不低于母材。

③热熔对接连接后应形成凸缘,且凸缘形状大小均匀一致,无气孔、鼓泡和裂缝;接头处有沿管节圆周平滑对称的外翻边,外翻边最低处的深度不低于管节外表面;管内壁翻边铲平;对接错边量不大于管材壁厚的10%,且不大于3mm。

(4) 卡箍连接、法兰连接、钢塑过渡接头连接时,应连接件齐全、位置正确、安装牢固,连接部位无扭曲、变形。

3) 一般项目

(1) 承插、套筒式接口的插入深度应符合要求,相邻管口的纵向间隙应不小于10mm;环向间隙应均匀一致。

(2) 承插式管道沿曲线安装时接口转角,玻璃钢管不应大于《给水排水管道工程施工及验收规范》(GB 50268—2008) 第5.8.3条的规定;聚乙烯管应不大于1.5°;硬聚氯乙烯管的接口转角应不大于1.0°。

(3) 熔焊连接设备的控制参数满足焊接工艺要求;设备与待连接管的接触面无污物,设备及组合件组装正确、牢固、吻合;焊后冷却期间接口未受外力影响。

(4) 卡箍连接、法兰连接、钢塑过渡连接件的钢制部分,以及钢制螺栓、螺母、垫圈的防腐要求应符合设计要求。

4.2.3 管道铺设工程

1. 施工要点

1) 管道铺设应符合下列规定：

（1）采用承插式（或套筒式）接口时，宜人工布管且在沟槽内连接；槽深大于 3m 或管外径大于 400mm 的管道，宜用非金属绳索兜住管节下管；严禁将管节翻滚抛入槽中。

（2）采用电熔、热熔接口时，宜在沟槽边上将管道分段连接后以弹性铺管法移入沟槽；移入沟槽时，管道表面不得有明显的划痕。

2) 管道安装完成后，应按相关规定和设计要求设置管道位置标识。

3) 合槽施工时，应先安装埋设较深的管道，当回填土高程与邻近管道基础高程相同时，再安装相邻的管道。

4) 管道安装时，应将管节的中心及高程逐节调整正确，安装后的管节应进行复测，合格后方可进行下一工序的施工。

2. 质量要点

1) 管道应在沟槽地基、管基质量检验合格后安装，安装时宜自下游开始，承口应朝向施工前进的方向。

2) 压力管道上的阀门，安装前应逐个进行启闭检验。

3) 管节下入沟槽时，不得与槽壁支撑及槽下的管道相互碰撞；沟内运管不得扰动原状地基。

4) 管道安装时，应随时清除管道内的杂物，给水管道暂时停止安装时，两端应临时封堵。

5) 露天或埋设在对橡胶圈有腐蚀作用的土质及地下水中的柔性接口，应采用对橡胶圈无不良影响的柔性密封材料，封堵住外露橡胶圈的接口缝隙。

6）管道与法兰接口两侧相邻的第一至第二个刚性接口或焊接接口，待法兰螺栓紧固后方可施工。

3. 质量验收

1）主控项目

（1）管道埋设深度、轴线位置应符合设计要求，无压力管道严禁倒坡。

（2）刚性管道无结构贯通裂缝和明显缺损情况。

（3）柔性管道的管壁不得出现纵向隆起、环向扁平和其他变形情况。

（4）管道铺设安装必须稳固，管道应线性平直。

2）一般项目

（1）管道内应光洁平整，无杂物、油污；管道无明显渗水和水珠现象。

（2）管道与井室洞口之间无渗漏水。

（3）管道内外防腐层完整，无破损现象。

（4）钢管管道开孔应符合《给水排水管道工程施工及验收规范》（GB 50268—2008）第 5.3.11 条的规定。

（5）闸阀安装应牢固、严密，启闭灵活，与管道轴线垂直。

（6）管道铺设的允许偏差应符合表 4-9 的规定。

表 4-9 管道铺设的允许偏差 （mm）

检查项目		允许偏差	检查数量		检查方法
			范围	点数	
1	水平轴线	无压管道 ±15	每节管	1点	经纬仪测量或挂中线用钢尺量测
		压力管道 ±30			

续表

检查项目		允许偏差		检查数量		检查方法
				范围	点数	
2	管底高程	$D_i \leqslant 1000$	无压管道 ±10	每节管	1点	水准仪测量
			压力管道 ±30			
		$D_i > 1000$	无压管道 ±15			
			压力管道 ±30			

4.3 管道附属构筑物工程

综合性园林绿化工程中的管道附属构筑物工程中有砖砌结构井室、雨水口等分项工程。

4.3.1 砖砌结构井室工程

1. 施工要点

1）砌筑前砌块应充分湿润，砌筑砂浆配合比符合设计要求，现场拌制应拌和均匀、随用随拌。

2）排水管道检查井内的流槽，宜与井壁同时进行砌筑。

3）砌块应垂直砌筑，需收口砌筑时，应按设计要求的位置设置钢筋混凝土梁进行收口；圆井采用砌块逐层砌筑收口，四面收口时每层收进不应大于30mm，偏心收口时每层收进不应大于50mm。

4）砌块砌筑时，铺浆应饱满，灰浆与砌块四周黏结紧密、不得漏浆，上下砌块应错缝踩踏。

5）砌筑时应同时安装踏步，踏步安装后在砌筑砂浆未达到规定抗压强度前不得踩踏。

6) 内外井壁应采用水泥砂浆勾缝;有抹面要求时,抹面应分层压实。

7) 井室施工达到设计高程后,应及时浇筑或安装井圈,井圈应以水泥砂浆坐浆并安放平稳。

8) 给排水井盖选用的型号、材质应符合设计要求,设计未要求时,宜采用复合材料井盖,行业标志明显;道路上的井室必须使用重型井盖,装配稳固。

2. 质量要点

1) 管道穿过井壁的施工应符合设计要求;当设计无要求时应符合下列规定:

(1) 化学建材管道宜采用中介层法与井壁洞圈连接。

(2) 排水管道接入检查井时,管口外缘与井内壁平齐;当接入管径大于 300mm 时,对于砌筑结构井室应砌砖圈加固。

2) 井室内部处理应符合下列规定:

(1) 预留孔、预埋件应符合设计和管道施工工艺要求。

(2) 排水检查井的流槽表面应平顺、圆滑、光洁,并与上下游管道底部接顺。

(3) 透气井及排水落水井、跌水井的工艺尺寸应按设计要求进行施工。

(4) 阀门井的井底距承口或法兰盘下缘以及井壁与承口或法兰盘外缘应留有安装作业空间,其尺寸应符合设计要求。

(5) 不开槽法施工的管道,工作井作为管道井室使用时,其洞口处理及井内布置应符合设计要求。

3. 质量验收

1）主控项目

（1）所用的原材料、预制构件的质量应符合国家有关标准规定和设计要求。

（2）砌筑水泥砂浆强度等级、结构混凝土强度等级符合设计要求。

（3）砌筑结构应灰浆饱满、灰缝平直，不得有通缝、瞎缝；预制装配式结构应坐浆、灌浆饱满密实，无裂缝；混凝土结构无严重质量缺陷；井室无渗水、水珠现象。

2）一般项目

（1）井壁抹面应密实平整，不得有空鼓、裂缝等现象；混凝土无明显一般质量缺陷；井室无明显湿渍现象。

（2）井内部构造符合设计和水力工艺要求，且部位位置及尺寸正确，无建筑垃圾等杂物；检查井流槽应平顺、圆滑、光洁。

（3）井室内踏步位置正确、牢固。

（4）井盖、井座规格符合设计要求，安装稳固。

（5）井室允许偏差应符合表 4-10 的规定。

4. 安全要点

1）砌筑时，应经常检查和注意基坑边坡的土体变化情况，有无位移、裂缝现象，材料堆放应距离坑槽边 1m 以上。

2）墙身砌筑高度超过地坪 1.2m 以上时，应搭设脚手架。

3）不准徒手移动砌块，以免压破或擦伤手指。

4.3.2 雨水口工程

1. 施工要点

表 4-10 井室允许偏差

	检查项目		允许偏差（mm）	检查数量		检查方法
				范围	点数	
1	平面轴线位置（轴向、垂直轴向）		15	每座	2	用钢尺量测、经纬仪测量
2	结构断面尺寸		+10，0		2	用钢尺量测
3	井室尺寸	长、宽	±20		2	用钢尺量测
		直径				
4	井口高程	农田或绿地	+20		1	用水准仪测量
		路面	与道路规定一致			
5	井底高程	开槽法管道铺设 $D_i \leq 1000$	±10		2	
		开槽法管道铺设 $D_i > 1000$	±15			
		不开槽法管道铺设 $D_i < 1500$	+10，-20			
		不开槽法管道铺设 $D_i \geq 1500$	+20，-40			
6	踏步安装	水平及垂直间距、外露长度	±10		1	用尺量测偏差较大值
7	脚窝	高、宽、深	±10			
8	流槽宽度		+10			

井框、井箅应完整无损，安装平稳、牢固。

2. 质量要点

1）雨水口的位置及深度应符合设计要求。

2）基础施工应符合下列规定：

（1）开挖雨水口槽及雨水管支管槽，每侧宜留出 300~500mm 的施工宽度。

（2）槽底应夯实并及时浇筑混凝土基础。

(3) 采用预制雨水口时,基础顶面宜铺设 20～30mm 厚的砂垫层。

3) 雨水口砌筑应符合下列规定:

(1) 管端面在雨水口内的露出长度,不得大于 20mm,管端面应完整无破损。

(2) 砌筑时,灰浆应饱满,随砌、随勾缝,抹面应压实。

(3) 雨水口底部应用水泥砂浆抹出雨水口泛水坡。

(4) 砌筑完成后雨水口内应保持清洁,及时加盖,保证安全。

4) 预制雨水口安装应牢固,位置平正。

5) 雨水口与检查井的连接管的坡度应符合设计要求。

3. 质量验收

1) 主控项目

(1) 所用的原材料、预制构件的质量应符合国家有关标准规定和设计要求。

(2) 雨水口位置正确,深度符合设计要求,安装不得歪扭。

(3) 井框、井箅应完整、无损,安装平稳、牢固;支、连管应直顺,无倒坡、错口等破损现象。

(4) 井内、连接管道内无线漏、滴漏现象。

2) 一般项目

(1) 雨水口砌筑勾缝应直顺、坚实,不得漏勾、脱落;内外壁抹面平整光洁。

(2) 支、连管内清洁、流水畅通,无明显渗水现象。

(3) 雨水口、支管的允许偏差应符合表 4-11 的规定。

表 4-11 雨水口、支管的允许偏差

	检查项目	允许偏差（mm）	检查数量 范围	检查数量 点数	检查方法
1	井框、井箅吻合	≤10	每座	1	用钢尺量测较大值（高度、深度亦可用水准仪测量）
2	井口与路面高差	-5，0			
3	雨水口位置与道路边线平行	≤10			
4	井室尺寸	长、宽：+20，0 深：0，-20			
5	井内支、连管管口底高程	0，-20			

第5章 园林电气工程

园林室外电气工程可分为低压成套柜（箱、屏）安装，电线导管、电缆导管和线槽敷设（室外），电线、电缆穿管和线槽敷线安装（室外），电缆头制作、接线和线路绝缘测试（室外），接地装置安装，建筑物景观照明灯、航空障碍标志灯和庭院灯安装，建筑物照明通电试运行等分项工程。

5.1 低压成套柜（箱、屏）安装

1. 施工要点
1) 机械闭锁、电气闭锁动作应准确可靠。
2) 动、静触头的中心线应一致，触头接触紧密。
3) 二次回路辅助切换接点应动作准确，接触可靠。
4) 柜门和锁开启灵活，应急照明装置齐全。
5) 柜体进出线孔应做好封堵。
6) 控制回路应留有适当的备用回路。
7) 落地配电箱基础应采用砖砌或混凝土预制，混凝土强度等级不得低于C20，基础尺寸符合设计要求，基础平面应高出地面200mm。进出电缆应穿管保护，并应留有备用管道。
8) 配电箱的接地装置应与基础同步施工，并应符合接地装置的相关规定。

9) 配电箱应在明显位置悬挂安全警示标志牌。

10) 电气型号、规格应符合设计要求，外观完整，附件齐全，排列整齐，固定牢固。

11) 各电气应能单独拆装更换，不影响其他电气和导线束的固定。

12) 发热元件应安装在散热良好的地方；两个发热元件之间的连线应采用耐热导线或裸铜线套瓷管。

13) 信号灯、电铃、故障报警装置工作可靠；各种仪器仪表显示准确，应急照明设施完好。

14) 柜面装有电气仪表设备或其他有接地要求的电气外壳应可靠接地；柜内应设置零（N）排、接地保护（PE）排，并应有明显标志符号。

15) 熔断器的熔体规格、自动开关的整定值应符合设计要求。

16) 引入柜（箱、屏）内的电缆应排列整齐、避免交叉、固定牢靠，电缆回路编号清晰。

17) 铠装电缆在进入柜（箱、屏）后，应将钢带切断，切断处的端部应扎紧，并应将钢带接地。

18) 橡胶绝缘芯线应采用外套绝缘管保护。

19) 柜（箱、屏）内的电缆芯线应按横平竖直有规律地排列，不得任意歪斜交叉连接。备用芯线长度应有余量。

20) 端子排安装应符合下列规定：

（1）端子排应完好无损，排列整齐、固定牢固、绝缘良好。

（2）端子应有序号，并应便于更换，离地高度宜大于350mm。

（3）强弱电端子宜分开布置；当分开布置有困难时，应有明显标志并设空端子隔开或加绝缘板。

（4）潮湿环境宜采用防潮端子。

（5）接线端子应与导线截面匹配，严禁使用小端子配大截面导线。

（6）每个接线端子的每侧接线宜为 1 根，不得超过 2 根。对插接式端子，不同截面的两根导线不得接在同一端子上；对螺栓连接端子，中间应加平垫片。

21）二次回路接线应符合下列规定：

（1）按图施工，接线正确。

（2）导线与电气元件应采用铜质制品，螺栓连接、插接、焊接或压接等均应牢固可靠，绝缘件应采用阻燃材料。

（3）柜（箱、屏）内的导线不应有接头，导线绝缘良好、芯线无损伤。

（4）导线的端部均应标明其回路编号，编号应正确，字迹清晰且不褪色。

（5）配线应整齐、清晰、美观。

（6）强弱电回路不应使用同一根电缆，应分别成束分开排列。二次接地应设专用螺栓。

22）配电柜（箱、屏）内的配线电流回路应采用铜芯绝缘导线，其耐压不低于 500V，其截面不应小于 $2.5mm^2$，其他回路截面不应小于 $1.5mm^2$；当电子元件回路、弱电回路采用锡焊接连接时，在满足载流量和电压降及有足够机械强度的情况下，可采用不小于 $0.5mm^2$ 截面的绝缘导线。

23）对连接门上的电气、控制面板等可动部位的导线，应符合下列规定：

（1）应采用多股软导线，敷设长度应有适当裕度。

（2）线束应有外套塑料管等加强绝缘层。

(3) 与电气连接时,端部应加终端紧固附件绞紧,不得松散、断股。

(4) 在可动部位两端应用卡子固定。

2. 质量要点

1) 配电柜(箱、屏)的柜门应向外开启,可开启的门应经裸铜软线与接地的金属构架可靠连接。柜体内应有供检修用的接地连接装置。

2) 配电柜(箱、屏)的漆层应完整无损伤。安装在同一室内的配电柜(箱、屏),其盘面颜色宜一致。

3) 室外配电箱应有足够强度,箱体薄弱位置应增加加强筋,在起吊、安装中防止变形和损坏。箱顶应有一定的落水斜度,通风口应按防雨型制作。

4) 配电箱体宜采用喷塑、热镀处理,所有箱门把手、锁、铰链等均采用防锈材料,并应具有相应的防盗功能。

3. 质量验收

1) 强制性条文

配电柜(箱、屏)内两导体间、导电体与裸露的不带电的导体间允许最小电气间隙及爬电距离应符合表 5-1 的规定。裸露载流部分与未经绝缘的金属体之间,电气间隙不得小于 12mm,爬电距离不得小于 20mm。

表 5-1 允许最小电气间隙及爬电距离 (mm)

额定电压 (V)	电气间隙		爬电距离	
	额定工作电流		额定工作电流	
	≤63A	>63A	≤63A	>63A
$U \leq 60$	3.0	5.0	3.0	5.0
$60 < U \leq 300$	5.0	6.0	6.0	8.0
$300 < U \leq 500$	8.0	10.0	10.0	12.0

2) 主控项目

(1) 柜、屏、箱的金属框架及基础型钢必须接地(PE)或接零(PEN)可靠;装有电器的可开启门,门和框架的接地端子间应用裸编织铜线连接,且有标志。

(2) 低压成套配电柜、控制柜(屏、台)和动力、照明配电箱(盘)应有可靠的电击保护。柜(屏、台、箱、盘)内保护导体应有裸露的连接外部保护导体的端子,当设计无要求时,柜(屏、台、箱、盘)内保护导体最小截面面积 S_p 不应小于表 5-2 的规定。

表 5-2 保护导体的截面面积 (mm)

相线的截面面积 S	相应保护导体的最小截面面积 S_p
$S \leqslant 16$	S
$16 < S \leqslant 35$	16
$35 < S \leqslant 400$	$S/2$

注:S 指柜(屏、台、箱、盘)电源进线相线截面面积,且两者(S、S_p)材质相同。

(3) 柜、屏、箱、盘间线路的线间和线对地间绝缘电阻值,馈电线路必须大于 0.5MΩ;二次回路必须大于 1MΩ。

(4) 照明配电箱(盘)安装应符合下列规定:

① 箱(盘)内配线整齐,无绞接现象。导线连接紧密,不伤芯线,不断股。垫圈下螺钉两侧压的导线截面面积相同,同一端子上导线连接不多于 2 根,防松垫圈等零件齐全。

② 箱(盘)内开关动作灵活可靠,带有漏电保护的回路,漏电保护装置动作电流不大于 20mA,动作时间不大于 0.1s。

③ 照明箱(盘)内,分别设置零线(N)和保护地线(PE线)汇流排,零线和保护地线经汇流排配出。

3) 一般项目

(1) 柜、屏、台、箱、盘内检查试验应符合下列规定：
① 控制开关及保护装置的规格、型号符合设计要求。
② 闭锁装置动作准确、可靠。
③ 主开关的辅助开关切换动作与主开关动作一致。
④ 柜、屏、台、箱、盘上的标志器件标明被控设备编号及名称，或操作位置，接线端子有编号，且清晰、工整、不易褪色。
⑤ 回路中的电子元件不应参加交流工频耐压试验；48V 及以下回路可不做交流工频耐压试验。

(2) 连接柜、屏、台、箱、盘面板上的电气及控制台、板等可动部位的电线应符合下列规定：
① 采用多股铜芯软电线，敷设长度留有适当余量。
② 线束有外套塑料管等加强绝缘保护层。
③ 与电器连接时，端部绞紧，且有不开口的终端端子或搪锡，不松散、断股。
④ 可转动部位的两端用卡子固定。

(3) 照明配电箱（盘）安装应符合下列规定：
① 位置正确，部件齐全，箱体开孔与导管管径适配，暗装配电箱箱盖紧贴墙面，箱（盘）涂层完整。
② 箱（盘）内接线整齐，回路编号齐全，标志正确。
③ 箱（盘）不采用可燃材料制作。
④ 箱（盘）安装牢固，垂直度允许偏差为 1.5‰；底边距地面为 1.5m，照明配电板底边距地面不小于 1.8m。

5.2 电线导管、电缆导管和线槽敷设（室外）

1. 施工要点

1) 电缆管穿孔、内壁应光滑；金属电缆管不应有严重锈蚀；塑料电缆管应有满足电缆线路敷设条件所需保护性能的品质证明文件。在易受机械损伤的地方和在受力较大处直埋时，应采用足够强度的管材。

2) 电缆管的加工应符合下列要求：

（1）管口应无毛刺和尖锐棱角。

（2）电缆管弯制后，不应有裂缝和显著的凹瘪现象，其弯扁程度不宜大于管子外径的10%；电缆管的弯曲半径不应小于所穿入电缆的最小允许弯曲半径。

（3）无防腐措施的金属电缆管应在外表涂防腐漆，镀锌管锌层剥落处也应涂以防腐漆。

3) 电缆管的连接应符合下列要求：

（1）金属电缆管不宜直接对焊，宜采用套管焊接的方式，连接时应两管口对准、连接牢固，密封良好；套接的短管或带螺纹的管接头的长度，不应小于电缆管外径的2.2倍。采用金属软管及合金接头做电缆保护接管时，其两端应固定牢靠、密封良好。

（2）硬质塑料管在套接或插接时，其插入深度宜为管子内径的1.1~1.8倍。在插接面上涂以胶黏剂粘牢密封；采用套接时套管两端采取密封措施。

4) 引至设备的电缆管管口位置，应便于与设备连接并不妨碍设备拆装和进出。并列敷设的电缆管管口应排列整齐。

2. 质量要点

1) 电缆管的内径与电缆外径之比不得小于1.5。

2) 利用电缆保护钢管接地时，应先焊好接地线，再敷设电缆。有螺纹连接的电缆电缆管，应焊接跳线，跳线截面面积应不小于30mm²。

3. 质量验收

1) 强制性条文

金属导管严禁对口熔焊连接；镀锌和壁厚小于等于2mm的钢导管不得套管熔焊连接。

2) 主控项目

(1) 金属的导管和线槽必须接地（PE）或接零（PEN）可靠，并应符合下列规定：

① 镀锌的钢导管、可挠性导管和金属线槽不得熔焊跨接接地线，以专用接地卡跨接的两卡间连线为铜芯软导线，截面面积不小于4mm²。

② 当非镀锌钢导管采用螺纹连接时，连接处的两端焊跨接接地线；当镀锌钢导管采用螺纹连接时，连接处的两端用专用接地卡固定跨接接地线。

③ 金属线槽不作设备的接地导体，当设计无要求时，金属线槽全长不少于2处与接地（PE）或接零（PEN）干线连接。

④ 非镀锌金属线槽间连接板的两端跨接铜芯接地线，镀锌线槽间连接板的两端不跨接接地线，但连接板两端不少于2个有防松螺帽或防松垫圈的连接固定螺栓。

(2) 当绝缘导管在砌体上剔槽埋设时，应采用强度等级不小于M10的水泥砂浆抹面保护，保护层厚度大于15mm。

3) 一般项目

(1) 室外埋地敷设的电缆导管，埋深不应小于0.7m。壁厚小于等于2mm的钢电线导管不应埋设于室外土壤内。

(2) 室外导管的管口应设置在盒、箱内。在落地式配电箱内的管口，箱底无封板的，管口应高出基础面50～

80mm。所有管口在穿入电线、电缆后应做密封处理。由箱式变电所或落地式配电箱引向建筑物的导管，建筑物一侧的导管管口应设在建筑物内。

(3) 金属导管内外壁应做防腐处理；埋设于混凝土内的导管内壁应做防腐处理，外壁可不做防腐处理。

(4) 室内进入落地式柜、台、箱、盘内的导管管口，应高出柜、台、箱、盘的基础面 50～80mm。

(5) 暗配的导管，埋设深度与建筑物、构筑物表面的距离不应小于 15mm；明配的导管应排列整齐，固定点间距均匀，安装牢固；在终端、弯头中点或柜、台、箱、盘等边缘的距离 150～500mm 范围内设有管卡，中间直线段管卡间的最大距离应符合表 5-3 的规定。

表 5-3 管卡间最大距离

敷设方式	导管种类	导管直径 (mm)				
		15～20	25～32	32～40	50～65	65 以上
		管卡间最大距离 (m)				
支架或沿墙明敷	壁厚>2mm 刚性钢导管	1.5	2.0	2.5	2.5	3.5
	壁厚≤2mm 刚性钢导管	1.0	1.5	2.0	—	—
	刚性绝缘导管	1.0	1.5	1.5	2.0	2.0

(6) 线槽应安装牢固，无扭曲变形，紧固件的螺母应在线槽外侧。

(7) 金属、非金属柔性导管敷设应符合下列规定：

① 刚性导管经柔性导管与电气设备、器具连接，柔性导管的长度在动力工程中不大于 0.8m，在照明工程中不大于 1.2m。

② 可挠金属管或其他柔性导管与刚性导管或电气设备、器具间的连接采用专用接头；复合型可挠金属管或其他柔性

导管的连接处密封良好，防液覆盖层完整无损。

③ 可挠性金属导管和柔性导管不能做接地（PE）或接零（PEN）的接续导体。

（8）导管和线槽，在建筑物变形缝处，应设补偿装置。

4．安全要点

1）施工人员在焊接作业时必须佩戴好电焊手套、防护面罩等安全防护用品，防止电弧火花或强光造成人身伤害，电焊工工作前一定要清除周围的易燃易爆物品。

2）施工人员在焊接作业前必须检查焊机的性能，一旦发现焊机存在使用问题，应立即切断电源，联系维修电工进行检修，不得擅自使用。

3）带电设备的金属外壳必须与专用保护零线连接，做到一机一闸，所有现场用电设备必须设漏电保护开关，电焊机严禁空载情况下接线、拉线，电工必须持证上岗。

4）电缆敷设时，作业人员应站在电缆外侧，并站稳用力，严禁在电缆桥架上站立、行走、作业。

5.3 电线、电缆穿管和线槽敷线安装（室外）

1．施工要点

1）敷设前应按设计和实际路径计算每根电缆的长度，合理安排每盘电缆、减少电缆接头。中间接头位置应避免设置在交叉路口、建筑物门口、与其他管线交叉处或通道狭窄处。

2）电缆排管在敷设前，应进行疏通，清除杂物。

2．质量要点

1）电线、电缆型号、电压、规格应符合设计要求。

2）电线、电缆外观应无损伤。当对电线、电缆的外观和密封状态有怀疑时,应进行潮湿判断。

3) 管道内部应无积水,且无杂物堵塞。穿电缆时,不得损伤护层,可采用无腐蚀性的润滑剂(粉)。

4) 穿入管中电线、电缆的数量应符合设计要求。

3. 质量验收

1) 强制性条文

三相或单相的交流单芯电缆,不得单独穿于钢导管内。

2) 主控项目

(1) 不同回路、不同电压等级和交流与直流的电线,不应穿于同一导管内;同一交流回路的电线应穿于同一金属导管内,且管内电线不得有接头。

(2) 爆炸危险环境照明线路的电线和电缆额定电压不得低于 750V,且电线必须穿于钢导管内。

3) 一般项目

(1) 电线、电缆穿管前,应清除管内杂物和积水。管口应有保护措施,不进入接线盒(箱)的垂直管口穿入电线、电缆后,管口应密封。

(2) 当采用多相供电时,同一建筑物、构筑物的电线绝缘层颜色选择应一致,即保护地线(PE 线)应是黄绿相间色,零线用淡蓝色;相线用色:A 相—黄色、B 相—绿色、C 相—红色。

(3) 线槽敷线应符合下列规定:

① 电线在线槽内有一定余量,不得有接头。电线按回路编号分段绑扎,绑扎点间距不应大于 2m。

② 同一回路的相线和零线,敷设于同一金属线槽内。

③ 同一电源的不同回路无抗干扰要求的线路可敷设于同一线槽内;敷设于同一线槽内有抗干扰要求的线路用隔板

隔离，或采用屏蔽电线且屏蔽护套一端接地。

5.4 电缆头制作、接线和线路绝缘测试（室外）

1. 施工要点

电缆接头和终端整个制作过程应保持清洁和干燥；制作前应将线芯及绝缘表面擦拭干净，塑料电缆宜采用自粘带、粘胶带、胶黏剂、收缩管等材料密封，塑料护套表面应打毛，粘接表面应用溶剂除去油污，粘接应良好。

2. 质量要点

电缆芯线的连接宜采用压接方式，压接面应满足电气和机械强度要求。

3. 质量验收

1) 强制性条文

高压的电气设备和布线系统及继电保护系统的交接试验，必须符合现行国家标准《电气装置安装工程 电气设备交接试验标准》（GB 50150—2016）的规定。

2) 主控项目

（1）低压电线和电缆，线间和线对地间的绝缘电阻值必须大于 0.5MΩ。

（2）铠装电力电缆头的接地线应采用铜绞线或镀锡铜编织线，截面面积不应小于表 5-4 的规定。

表 5-4 电缆芯线和接地线截面面积（mm^2）

电缆芯线截面面积	接地线截面面积
120 及以下	16
150 及以上	25

注：电缆芯线截面面积在 $16mm^2$ 及以下，接地线截面面积与电缆芯线截面面积相等。

3）一般项目

(1) 芯线与电气设备的连接应符合下列规定：

① 截面面积在 10mm² 及以下的单股铜芯线和单股铝芯线直接与设备、器具的端子连接。

② 截面面积在 2.5mm² 及以下的多股铜芯线拧紧搪锡或接续端子后与设备、器具的端子连接。

③ 截面面积大于 2.5mm² 的多股铜芯线，除设备自带插接式端子外，接续端子后与设备或器具的端子连接；多股铜芯线与插接式端子连接前，端部拧紧搪锡。

④ 多股铝芯线接续端子后与设备、器具的端子连接。

⑤ 每个设备和器具的端子接线不多于 2 根电线。

(2) 电线、电缆的芯线连接金具（连接管和端子），规格应与芯线的规格适配，且不得采用开口端子。

(3) 电线、电缆的回路标记应清晰，编号准确。

5.5 接地装置安装

1. 施工要点

1) 电气装置的下列金属部分，均应接地或接零：

(1) 配电、控制、保护用的屏（柜、箱）及操作台等的金属框架和底座。

(2) 承载电气设备的构架和金属外壳。

(3) 铠装控制电缆的金属护层。

(4) 互感器的二次绕组。

2) 接地线不应用作其他用途。

3) 接地体（线）的连接应采用焊接，焊接必须牢固无虚焊。接至电气设备上的接地线，应用镀锌螺栓连接；有色金属接地线不能采用焊接时,可用螺栓连接、压接、热剂焊(放热焊接)方式连接。用螺栓连接时应设防松螺帽或防松垫片,螺栓连接处的接触面按现行国家标准《电气装置安装工程 母线装置施工及验收规范》(GB 50149—2010)的规定处理。

2. 质量要点

1) 在土壤中含有在电解时能产生腐蚀性物质的地方,不宜敷设接地装置,必要时可采取外引接地装置或改良土壤措施。

2) 各种接地装置应利用直接埋入地中或水中的自然接地体。交流电气设备的接地可利用直接埋入地中或水中的自然接地体。可以利用的接地体如下:

(1) 埋设在地下的金属管道,但不包括有可燃或有爆炸物质的管道。

(2) 金属井管。

(3) 与大地可靠连接的建筑物的金属结构。

(4) 水工构筑物及与其类似的构筑物的金属管、桩。

3) 不得采用铝导体作为接地体或接地线。当采用扁铜带、铜绞线、铜棒、铜包钢、铜包钢绞线、钢镀铜、铅包铜等材料作接地装置时,其连接应符合《电气装置安装工程接地装置施工及验收规范》(GB 50169—2016)的规定。

4) 接地装置的防腐应符合技术标准的要求。当采用阴极保护式防腐时,必须经测试合格。

3. 质量验收

1) 强制性条文

测试接地装置的接地电阻值必须符合设计要求。

2) 主控项目

(1) 人工接地装置或利用建筑物基础钢筋的接地装置必须在地面以上按设计要求位置设测试点。

(2) 防雷的人工接地装置的接地干线埋设,经人行通道处埋地深度不应小于1m,且应采用均压措施或在其上方铺设卵石或沥青地面。

(3) 接地模块顶面埋深不应小于0.6m,接地模块间距不应小于模块长度的3~5倍。接地模块埋设基坑,一般为模块外形尺寸的1.2~1.4倍,且在开挖深度内详细记录地层情况。

(4) 接地模块应垂直或水平就位,不应倾斜设置,保持与原土层接触良好。

3) 一般项目

(1) 接地装置顶面埋设深度不应小于0.6m,间距不应小于5m。接地装置的焊接应采用搭接焊,搭接长度应符合下列规定:

① 扁铁与扁钢搭接为扁钢宽度的2倍,不少于三面施焊。
② 圆钢与圆钢搭接为圆钢直径的6倍,双面施焊。
③ 圆钢与扁钢搭接为圆钢直径的6倍,双面施焊。
④ 扁钢与钢管、扁钢与角钢焊接,紧贴角钢外侧两面,或紧贴3/4钢管表面,上下两侧施焊。
⑤ 除埋设在混凝土中的焊接接头外,有防腐措施。

(2) 接地装置的材料采用钢材,热浸镀锌处理,最小允许规格、尺寸应符合表5-5的规定。

表5-5 接地装置材料最小允许规格、尺寸

种类、规格及单位		敷设位置及使用类别			
		地上		地下	
		室内	室外	交流电流回路	直流电流回路
圆钢直径(mm)		6	8	10	12
扁钢	截面(mm²)	60	100	100	100
	厚度(mm)	3	4	4	6

续表

种类、规格及单位	敷设位置及使用类别			
	地上		地下	
	室内	室外	交流电流回路	直流电流回路
角钢厚度（mm）	2	2.5	4	6
钢管管壁厚度（mm）	2.5	2.5	3.5	4.5

（3）接地模块应集中引线，用干线把接地模块并联焊接成一个环路，干线的材质与接地模块焊接点的材质相同，钢制的采用热浸镀锌扁钢，引出线不少于2处。

5.6 照明安装

5.6.1 建筑物景观照明灯、航空障碍标志灯和庭院灯安装

1. 施工要点

1）安装在公共场所的大型灯具的玻璃罩，应有防止玻璃坠落或碎裂后向下溅落伤人的措施。

2）露天安装的灯具及其附件、紧固件、底座和与其相连的导管、接线盒等应有防腐蚀和防水措施。

2. 质量要点

1）当设计无要求时，室外墙上安装的灯具，灯具底部距地面的高度不应小于2.5m。

2）带有自动通、断电源控制装置的灯具，动作应准确、可靠。

3）质量大于10kg的灯具，其固定装置应按5倍灯具重量的恒定均布载荷全数做强度试验，历时15min，固定装置的部件应无明显变形。

3. 质量验收

1) 强制性条文

建筑物景观照明灯具安装应符合下列规定：

（1）每套灯具的导电部分对地绝缘电阻值大于 2MΩ；

（2）在人行道等人员来往密集场所安装的落地式灯具，无围栏防护，安装高度距地面 2.5m 以上。

（3）金属构架和灯具的可接近裸露导体及金属软管的接地（PE）或接零（PEN）可靠，且有标志。

2) 主控项目

庭院灯安装应符合下列规定：

（1）每套灯具的导电部分对地绝缘电阻值大于 2MΩ。

（2）立柱式路灯、落地式路灯、特种园艺灯等灯具与基础固定可靠，地脚螺栓备帽齐全。灯具的接线盒或熔断器盒，其盒盖的防水密封垫完整。

（3）金属立标及灯具可接近裸露导体接地（PE）或接零（PEN）可靠。接地线单设干线。

3) 一般项目

建筑物景观照明灯具构架应固定可靠，地脚螺栓拧紧，备帽齐全，灯具的螺栓紧固、无遗漏。灯具外露的电线或电缆应有柔性金属导管保护。

5.6.2 建筑物照明通电试运行

1. 施工要点

有自控要求的照明工程应先进行就地分组控制试验，后进行单位工程自动控制试验，试验结果应符合设计要求。

2. 质量要点

1) 公用建筑照明系统通电连续试运行时间为 24h，民用住宅照明系统通电连续试运行时间应为 8h。

2)照明系统通电运行后,三相照明配电干线的各相负荷宜分配平衡,其最大相负荷不宜超过三相负荷平均值的115%,最小相负荷不宜小于相负荷平均值的85%。

3.质量验收

1)灯具回路控制与照明配电箱及回路的标志一致,开关与灯具控制顺序相对应。

2)所有照明灯具均应开启,且每2h记录运行状态1次,连续试运行时间内无故障。

第6章 其他园林附属工程

本处其他园林附属工程，指的是园路、广场地面铺装工程，假山、叠石、置石工程，园林理水工程，园林设施安装工程。

6.1 园路、广场地面铺装工程

1. 施工要点

1）铺砌控制基线的设置距离，直线段宜为5~10m，曲线段应视情况适度加密。

2）当采用水泥混凝土基层时，铺砌面层胀缝应与基层胀缝对齐。

3）伸缩缝材料应放平直，并应与料石粘贴牢固。

4）铺砌面完成后，必须封闭交通，并应湿润养护，当水泥砂浆达到设计要求强度后，方可开放交通。

2. 质量要点

1）砂浆中采用的水泥、砂、水应符合下列规定：

（1）宜采用现行国家标准《通用硅酸盐水泥》（GB 175—2023）中规定的水泥。

（2）宜用质地坚硬、干净的粗砂或中砂，含泥量应小于5%，禁止用粉砂。

（3）搅拌用水应符合现行国家标准《混凝土用水标准》

(JGJ 63—2006)的规定。宜使用饮用水及不含油类等杂质的清洁中性水，pH值为6~8。

2）铺砌一般采用1:3干硬性砂浆，干硬程度以手捏成团、落地即散为宜，虚铺系数应经试验确定。

3）基层清理干净后，洒一层水灰比为0.5的水泥素浆，再铺摊干硬性水泥砂浆。

4）铺砌中砂浆应饱满，且表面平整、稳定、缝隙均匀。与检查井等构筑物相接时，应平整、美观，不得反坡。不得用料石下填塞砂浆或支垫方法找平。

5）在铺装完成并检查合格后，应及时灌缝。

3. 质量验收

1）主控项目

地面工程基层、面层所用材料的品种、质量、规格，各结构层纵横向坡度、厚度、标高和平整度应符合设计要求；面层与基层的结合（黏结）必须牢固，不得空鼓、松动，面层不得积水。园路的弧度应顺畅自然。

2）一般项目

（1）碎拼花岗石面层（包括其他不规则路面面层）应符合下列要求：

① 材料边缘呈自然碎裂形状，形态基本相似，不宜出现尖锐角及规则形。

② 色泽及大小搭配协调，接缝大小、深浅一致。

③ 表面洁净，地面不积水。

（2）卵石面层应符合下列规定：

① 卵石面层应按排水方向调坡。

② 面层铺贴前应对基础进行清理后刷素水泥砂浆一遍。

③ 水泥砂浆厚度不应低于4cm，强度等级不应低

于 M10。

④ 卵石的颜色搭配协调、颗粒清晰、大小均匀、石粒清洁，排列方向一致（特殊拼花要求除外）。

⑤ 露面卵石铺设应均匀，窄面向上，无明显下沉颗粒，并达到全铺设面 70% 以上，嵌入砂浆的厚度为卵石整体的 60%。

⑥ 砂浆强度达到设计强度的 70% 时，应冲洗石子表面。

⑦ 带桩卵石铺装大于 6 延长米时，应设伸缩缝。

（3）嵌草地面面层应符合下列规定：

① 块料不应有裂纹、缺陷，铺设平稳，表面清洁。

② 块料之间应填种植土，种植土厚度不宜小于 8cm，种植土填充面应低于块料上表面 1~2cm。

③ 嵌草平整，不得积水。

（4）水泥花砖、混凝土板块、花岗石等面层应符合下列规定：

① 在铺贴前，应对板块的规格尺寸、外观质量、色泽等进行预选，浸水湿润、晾干待用。

② 勾缝和压缝应采用同品种、同强度等级、同颜色的水泥，并做好养护和保护。

③ 面层的表面应洁净，图案清晰，色泽一致，接缝平整，深浅一致，周边顺直，板块无裂缝、掉角和缺棱等缺陷。

（5）冰梅面层应符合下列规定：

① 面层的色泽、质感、纹理、块体规格大小应符合设计要求。

② 石质材料要求强度均匀，抗压强度不小于 30MPa，软质面层石材要求细滑、耐磨，表面应洗净。

③ 板块面宜五边以上为主，块体大小不宜均匀，符合一点三线原则，不得出现正多边形及阴角（内凹角）、直角。

④ 垫层应采用同品种、同强度等级的水泥，并做好养护和保护。

⑤ 面层的表面应洁净，图案清晰，色泽一致，接缝平整，深浅一致，留缝宽度一致，周边顺直，大小适中。

（6）花街铺地面层应符合下列规定：

① 纹样、图案、线条大小长短规格应统一、对称。

② 填充材料宜色泽丰富，镶嵌应均匀，露面部分不应有明显的锋口和尖角。

③ 完成面的表面应洁净，图案清晰，色泽统一，接缝平整，深浅一致。

（7）大方砖面层应符合下列规定：

① 大方砖色泽一致，棱角齐全，不应有隐裂及明显气孔，规格尺寸符合设计要求。

② 方砖铺设面四角应平整，合缝均匀，缝线通直，砖缝油灰饱满。

③ 砖面桐油涂刷应均匀，涂刷遍数应符合设计规定，不得漏刷。

（8）压模面层应符合下列规定：

① 压模面层不得开裂，基层设计有要求的，按设计处理，设计无要求的，应采用双层双向钢筋混凝土浇捣。

② 路面每隔 10m，应设伸缩缝。

③ 完成面应色泽均匀、平整，块体边缘清晰，无翘曲。

（9）透水砖面层应符合下列规定：

① 透水砖的规格及厚度应统一。

② 铺设前必须按铺设范围排砖，边沿部位形成小粒砖时，必须调整砖块的间距或进行两边切割。

③ 面砖块间隙应均匀，色泽一致，排列形式应符合设计要求，表面平整不应松动。

（10）小青砖（黄道砖）面层应符合下列规定：

① 小青砖（黄道砖）规格、色泽应统一，厚薄一致，不应缺棱掉角，上面应四角通直均为直角。

② 面砖块间排列应紧密，色泽均匀，表面平整不应松动。

（11）自然块石面层应符合下列规定：

① 铺设区域基底土应预先夯实，无沉陷。

② 铺设用的自然块石应选用具有较平坦大面的石块，块体间排列紧密，高度一致，踏面平整，无倾斜、翘动。

（12）水洗石面层应符合下列规定：

① 水洗石铺装的细卵石（混合卵石除外）应色泽统一、颗粒大小均匀，规格符合设计要求。

② 路面的石子表面色泽应清晰洁净，不应有水泥浆残留、开裂。

③ 酸洗液冲洗彻底，不得残留腐蚀痕迹。

（13）侧石安装应符合下列规定：

① 底部和外侧应坐浆，安装稳固。

② 顶面应平整、线条应顺直。

③ 曲线段应圆滑，无明显折角。

④ 侧石安装允许偏差应符合表 6-1 的规定。

（14）园路、广场地面铺装工程的允许偏差和检验方法应符合表 6-1 的规定。

表 6-1 园路、广场地面铺装工程的允许偏差和检验方法

项次	项目	基层				面层 允许偏差（mm）															检验方法
		土	混凝土炉渣	砂、碎石	块石	碎拼花岗石	卵石	嵌草地面	水泥花砖	混凝土板块	花岗石	侧石	冰梅	花街铺地	大方砖	压模	透水砖	小青砖（黄道砖）	自然块石	水洗石	
1	表面平整度	15	10	15	15	3	4	5	5	4	1	—	3	5	4	3	4	5	10	3	用2m靠尺和楔形塞尺检查
2	厚度	在个别地方不大于设计厚度的1/10	—	-10%	—	—	—	—	—	—	—	—	—	3	8	—	3	3	—	—	尺量检查
3	标高	+0 -50	±10	±20	±30	—	—	—	—	—	—	—	—	—	—	—	—	—	—	—	用水准仪检查
4	缝格平直	—	—	—	—	—	—	3	3	3	2	—	—	3	3	—	3	3	8	—	拉5m线和尺量检查
5	接缝高低差	—	—	—	—	—	4	3	0.5	1.5	0.5	3	—	2	1	—	1	2	—	1	尺量和楔形塞尺检查
6	板块(卵石)间宽度	—	—	—	—	—	5	3	2	6	1	2	—	2	2	—	3	3	—	—	尺量检查
7	尺量偏差	—	—	—	—	—	—	3	—	—	—	—	—	3	3	—	3	3	—	—	尺量检查

4. 安全要点

1）面层铺装过程中涉及材料搬运的，要求戴手套作业，防止砸伤。

2）面层铺装过程中要求做好扬尘控制措施。

3）施工现场切割加工过程防止机械伤害，要求做好相关安全防护措施，手动切割工具临时用电要求专业电工负责接线。

6.2 假山、叠石、置石工程

1. 施工要点

1）假山叠石或在重要位置堆砌的峰石、瀑布，宜由设计单位或委托施工单位制作 1∶25 或 1∶50 的模型，经建设单位及有关专家评审认可后再进行施工。

2）施工放样应按设计平面图，经复核无误后，方可施工。无具体设计要求时，景石堆置和散置，可由施工人员用石灰在现场放样示意，并经有关单位现场人员认可。

2. 质量要点

假山叠石选用的石材质地应一致，色泽相近，纹理统一。石料应坚实耐压，无裂缝、损伤、剥落现象；峰石应形态完美，具有观赏价值。

3. 质量验收

1）强制性条文

假山叠石的基础工程及主体构造应符合设计和安全规定，假山结构和主峰稳定性应符合抗风、抗震强度要求。

2）主控项目

（1）假山叠石的基础应符合下列规定：

① 假山地基基础承载力应大于山石总荷载的 1.5 倍；灰土基础应低于地平面 20cm，其面积应大于假山底面积，外沿宽出 50cm。

② 假山设在陆地上，应选用 C20 以上混凝土制作基础；假山设在水中，应选用 C25 混凝土或不低于 M7.5 的水泥砂浆砌石块做基础。根据不同地势、地质有特殊要求的可做特殊处理。

（2）假山石拉底施工应做到统筹向背、曲折错落、断续相间、连接互咬；拉底石材应坚实、耐压，不得用风化石块做基石。

（3）假山山洞的洞壁凹凸面不得影响游人安全，洞内应采光，不得积水。

（4）假山、叠石、布置临路侧、山洞洞顶和洞壁的岩面应圆润，不得带锐角。

3）一般项目

（1）主体山石应错缝叠压，纹理统一。叠石或景石放置时，应注意主面方向，掌握重心。山体最外侧的峰石底部应灌注 1：2 水泥砂浆。每块叠石的刹石不应少于 4 个受力点，刹石不应外露。每层之间应补缝填陷，并灌注 1：2 水泥砂浆。

（2）假山、叠石和景石布置后的石块间缝隙，应先填塞、连接、嵌实，用 1：2 的水泥砂浆进行勾缝。勾缝应做到自然平整、无遗漏。明缝不应超过 2cm 宽，暗缝应凹入石面 1.5～2cm，砂浆干燥后色泽应与石料色泽相近。

（3）跌水、山洞的山石长度不应小于 150cm，整块大体量山石应稳定，不得倾斜。横向挑出的山石后部配重不小于悬挑质量的2倍，压脚石应确保牢固，黏结材料应满足强度要求。辅助加固构件（银锭扣、铁爬钉、铁扁担、各类吊架等）承载力和数量应保证达到山体的结构安全及艺术效果要求，铁件表面应做防锈处理。

（4）登山道的走向应自然，踏步铺设应平整、牢固，高度以14~16cm为宜，除特殊位置外，高度不得大于25cm，宽度不应小于30cm。

（5）溪流景石的自然驳岸的布置，应体现溪流的自然感，并与周边环境相协调。汀步安置应稳固，面平整。设计无要求时，汀步边到边距不应大于30cm，高差不宜大于5cm。

（6）壁峰不宜过厚，应采用嵌入墙体为主，与墙体脱离部分应有可靠排水措施。墙体内应预埋铁件钩托石块，保证稳固。

（7）假山、叠石外形艺术处理应石不宜杂、纹不宜乱、块不宜均、缝不宜多，形态自然完整。

（8）假山收顶工程应符合下列要求：

① 收顶的山石应选用体量较大、轮廓和体态富于特征的山石。

② 收顶施工应自后向前、由主及次、自上而下分层作业。每层高度宜为30~80cm，不得在凝固期间强行施工，影响胶结料强度。

③ 顶部管线、水路、孔洞应预埋、预留，事后不得凿穿。

④ 结构承重受力用石必须有足够强度。

（9）置石的主要形式有特置、对置、散置、群置、山石器设等。置石工程应符合下列规定：

① 置石石材、石种应统一,整体协调。
② 置石的材质、色泽、造型应符合设计要求。
③ 特置山石应符合下列规定:

A. 应选择体量较大、色彩纹理奇特、造型轮廓凸出、具有动势的山石。

B. 石高与观赏距离应保持在 1∶2~1∶3 之间。

C. 单块高度大于 120cm 的山石与地坪、墙基贴接处应用混凝土窝脚,亦可采用整形基座或坐落在自然的山石面上。

④ 对置山石应以两块山石组合,互相呼应。宜立于建筑门前两侧或道路入口两侧。

⑤ 散置山石应有疏有密,远近结合,彼此呼应,不可众石纷杂,凌乱无章。

⑥ 群置山石应石之大小不等、石之间距不等、石之高低不等,应主从有别,宾主分明,搭配适宜。

4. 安全要点

1) 山石吊装前应认真检查机具吊索、绑扎位置、绳扣、卡子,发现隐患立即更换。

2) 山石吊装应由有经验的人员操作,并在起吊前进行试吊,五级风以上及雨中禁止起吊。

3) 垫刹时,应由起重机械带钩操作,脱钩前必须对山石的稳定性进行检查,松动的垫刹石块必须背紧背牢。

4) 山石打刹垫稳后,严禁撬移或撞击搬动刹石,已安装好但未灌浆填实或未达到 70% 强度前的半成品,严禁任何非操作人员攀登。

5) 高度 6m 以上的假山,应分层施工,避免由于荷载过大造成事故。

6.3 园林理水工程

1. 施工要点

1) 水景水池应按设计要求预埋各种预埋件,穿过池壁和池底的管道应采取防渗措施,池体施工完成后,应进行灌水试验。灌水试验方法应符合现行国家标准《给水排水构筑物工程施工及验收规范》(GB 50141—2008)的规定。

2) 水景水池表面颜色、纹理、质感应协调统一,吸水率、反光度等性能良好,表面不易被污染,色彩与块面布置应均匀美观。

2. 质量要点

1) 水景喷泉工程应符合安全使用要求,喷头规格和射程及景观艺术效果应符合设计规定。

2) 瀑布、跌水工程的出水量应符合设计要求,下水应形成瀑布状,出水应均匀分布于出水口周边,水流不得渗漏其他叠石部位,不得冲击种植槽内的植物,并应符合设计的景观艺术效果。

3. 质量验收

1) 主控项目

(1) 管道安装宜先安装主管,后安装支管,管道位置和标高应符合设计要求。

(2) 各种材质的管材连接应保证不渗漏。

(3) 潜水泵应采用法兰连接。

(4) 潜水泵轴线应与总管轴线平行或垂直。

(5) 管网应在安装完成、试压合格并进行冲洗后,方可安装喷头。

（6）喷头前应有长度不小于10倍喷头公称尺寸的直线管段或设整流装置。

（7）园林驳岸工程应符合《园林绿化工程施工及验收规范》(CJJ 82—2012) 第5.3.9条的规定。

2）一般项目

（1）配水管网管道水平安装时，应有2‰～5‰的坡度坡向泄水点。

（2）管道下料时，管道切口应平整，并与管中心垂直。

（3）同组喷泉用的潜水泵应安装在同一高程。

（4）潜水泵淹没深度小于50cm时，在泵吸入口处应加装防护网罩。

（5）潜水泵电缆应采用防水型电缆，控制开关应采用漏电保护开关。

（6）确定喷头距水池边缘的合理距离，溅水不得溅至水池外面的地面上或收水线以内。

（7）同组喷泉用喷头的安装形式宜相同。

（8）隐蔽安装的喷头，喷口出流方向水流轨迹上不应有障碍物。

6.4 园林设施安装工程

1. 质量验收

1）主控项目

（1）座椅（凳）、标牌、果皮箱的安装应符合下列要求：

① 座椅（凳）、标牌、果皮箱的质量应符合相关产品标准的规定，并应通过产品检验合格。

② 座椅（凳）、标牌、果皮箱材质、规格、形状、色

彩、安装位置应符合设计要求，标牌的指示方向应准确无误。

③ 座椅（凳）、果皮箱应安装牢固无松动，标牌支柱安装应直立不倾斜，支柱表面应整洁无毛刺，标牌与支柱连接、支柱与基础连接应牢固无松动。

④ 金属部分及其连接件应做防锈处理。

（2）护栏安装应符合下列要求：

① 金属护栏和钢筋混凝土护栏应设置基础，基础强度和埋深应符合设计要求；设计无明确要求时，高度在1.5m以下的护栏，其混凝土基础尺寸不应小于30cm×30cm×30cm；高度在1.5m以上的护栏，其混凝土基础尺寸不应小于40cm×40cm×40cm。

② 园林护栏基础采用的混凝土强度不应低于C20。

③ 现场加工的金属护栏应做防锈处理。

④ 栏杆之间、栏杆与基础之间的连接应紧实牢固。金属栏杆的焊接应符合国家现行相关标准的要求。

⑤ 竹木质护栏的主桩下埋深度不应小于50cm。主桩的下埋部分应做防腐处理。主桩之间的间距不应大于6cm。

（3）绿地喷灌的喷头安装和调试应符合下列规定：

① 管网应在安装完成、试压合格并进行冲洗后，方可安装喷头。喷头规格和射程应符合设计要求，洒水均匀，并符合设计的景观艺术效果。

② 喷头定位准确，埋地喷头的安装应符合设计和地形的要求。

2）一般项目

（1）座椅（凳）、标牌、果皮箱的安装应符合下列要求：

① 座椅（凳）、标牌、果皮箱的安装方法应按照产品说

明或设计要求进行。

② 安装基础应符合设计要求。

（2）护栏安装应符合下列要求：

① 竹木质护栏、金属护栏、钢筋混凝土护栏、绳索护栏等均应属于维护绿地及具有一定观赏效果的隔栏。

② 栏杆空隙应符合设计要求，设计未提出明确要求的，宜为 15cm 以下。

③ 护栏整体应垂直、平顺。

（3）绿地喷灌的喷头安装和调试应符合下列规定：

① 绿地喷灌工程应符合安全使用要求，喷洒到道路上的喷头应进行调整。

② 喷头高低应根据苗木要求调整，各接头无渗漏，各喷头达到工作压力。

本册引用规范、标准目录

[1] 《园林绿化工程施工及验收规范》(CJJ 82—2012)
[2] 《农田灌溉水质标准》(GB 5084—2021)
[3] 《建筑工程施工质量验收统一标准》(GB 50300—2013)
[4] 《建筑地基基础工程施工质量验收标准》(GB 50202—2018)
[5] 《砌体结构工程施工质量验收规范》(GB 50203—2011)
[6] 《混凝土结构工程施工质量验收规范》(GB 50204—2015)
[7] 《木结构工程施工质量验收规范》(GB 50206—2012)
[8] 《屋面工程质量验收规范》(GB 50207—2012)
[9] 《建筑地面工程施工质量验收规范》(GB 50209—2010)
[10] 《建筑装饰装修工程质量验收标准》(GB 50210—2018)
[11] 《城镇道路工程施工与质量验收规范》(CJJ 1—2008)
[12] 《给水排水管道工程施工及验收规范》(GB 50268—2008)
[13] 《建筑电气工程施工质量验收规范》(GB 50303—2015)
[14] 《电气装置安装工程 电缆线路施工及验收标准》(GB 50168—2018)
[15] 《电气装置安装工程 接地装置施工及验收规范》(GB

50169—2016)
[16] 《建筑电气照明装置施工与验收规范》(GB 50617—2010)
[17] 《园林绿化工程盐碱地改良技术标准》(CJJ/T 283—2018)
[18] 《垂直绿化工程技术规程》(CJJ/T 236—2015)
[19] 《园林绿化养护标准》(CJJ/T 287—208)
[20] 《通用硅酸盐水泥》(GB 175—2023)
[21] 《混凝土用水标准》(JGJ 63—2006)